普通高等学校规划教材

数学实验方法

电子科技大学数学科学学院　编

中国铁道出版社
CHINA RAILWAY PUBLISHING HOUSE

内 容 提 要

MATLAB 是一款优秀的数学软件,数学实验课程是普通高校几乎所有理工科的必修课,教学目标是培养学生应用数学知识和数学软件 MATLAB 解决实际问题的意识和能力。本教材内容包括 MATLAB 使用入门、MATLAB 程序设计、微积分实验、线性代数实验、随机实验、方程求根与最优化实验、常微分方程与计算机模拟等。本书在 MATLAB 技术实现上,注意向量化编程;在内容选择上,注重案例教学;此外,还注重数学思想和数学方法应用,并展现数学文化。各章节相对独立,每章后附有实验案例和实验报告,书末附有 **2** 套测试题及答案。

本书适合作为普通高等学校理工科各专业教材,也可作为自考、函授本科教材,亦可科研人员参考或自学。

图书在版编目(CIP)数据

数学实验方法 / 电子科技大学数学科学学院编.
—北京:中国铁道出版社,2013.2(2017.1重印)
普通高等学校规划教材
ISBN 978-7-113-16015-9

Ⅰ.①数… Ⅱ.①电… Ⅲ.①高等数学—实验方法—高等学校—教材 Ⅳ.①O13-33

中国版本图书馆 CIP 数据核字(2013)第 016992 号

书　　名:**数学实验方法**
作　　者:电子科技大学数学科学学院　编

策　　划:李小军
责任编辑:李小军　何　佳
封面设计:付　魏
封面制作:白　雪
责任印制:李　佳

出版发行:中国铁道出版社(100054,北京市西城区右安门西街 8 号)
网　　址:http://www.51eds.com
印　　刷:三河市兴达印务有限公司
版　　次:2013 年 2 月第 1 版　　　2017 年 1 月第 4 次印刷
开　　本:720mm×960mm　1/16　印张:15.75　字数:315 千
书　　号:ISBN 978-7-113-16015-9
定　　价:29.00 元

前　言

在科学发展史上,伽利略开创了近代实验科学方法,牛顿的理论研究为近代物理和数学奠定了基础,冯·诺依曼、图灵对科学计算的研究及应用则意义深远。半个多世纪以来,以计算机为工具的科学计算得到普及性应用;在以计算机为基础的科技创新平台上,人类基因草图成功绘制,全球定位系统顺利运行,探月航天技术飞跃发展,……

实验是人类获取信息的实践活动,电子信息的表现形式是数据(包括文字、数字、声音、图像等)。数学实验结合数学与计算机软件,利用计算机快速有效地处理数据(包括数值数据、数学符号和函数图形),并通过实验报告清楚表达数据所含信息及所反映的数学规律。从 20 世纪 90 年代末到现在的十几年中,数学实验课以新的教学模式进入大学课堂。实验内容涉及工程计算、数学模型、批量数据处理、计算机数值模拟等。例如,在探月卫星速度计算实验中,计算卫星变轨参数以获取较为准确的嫦娥一号卫星的轨道数据,设计简洁有效的 MATLAB 程序演示卫星奔月过程。实验者通过实验加深对数学模型理解,掌握利用数据表达信息的方法。

MATLAB 是一款优秀的数学软件,软件名称是矩阵实验室(Matrix Laboratory)的英文缩写。它所具有的强大数值计算功能和绘图功能至今仍在持续增加。数学实验以 MATLAB 为实验环境,在解决常规数学问题时,选择使用高级 MATLAB 操作命令;在解决较复杂问题时,设计基于矩阵计算的程序,运行程序获取实验结果。MATLAB 的最大特点是支持处理向量、矩阵和三维数组这样的数据块,这一特点导致程序代码简短,数据处理效率极高。面对数值计算、符号计算和绘图问题,需要有耐心地设计和构造矩阵,以获得预期的计算结果和完美的计算机三维图形。例如"牟合方盖"数学模型和"维维安尼体"数学模型的实验设计,从数据计算到动态演示都围绕矩阵的构造进行。而分形曲线绘制实验通过正交矩阵与结点位置向量的乘法计算出分形曲线数据。MATLAB 软件在全世界范围内被广泛使用,目前我国高等院校的课程设置中,"数值分析"、"数学建模"、"信号与系统"、"数字信号处理"等课程都选用了MATLAB 作为计算工具。事实上,这一数学软件已经成为多门理工科专业课程的共用软件平台。

本教材适用于大学一年级和二年级学生,课程的教学目标是培养学生应用数学知识和数学软件 MATLAB 解决实际问题的意识与能力。教材内容包括 MATLAB 使用入门、MATLAB 程序设计、微积分实验、线性代数实验和随机实验、方程求根与最优化实验、常微分方程实验与计算机模拟等 7 章。在 MATLAB 技术实现上,注重向量化编程;在内容选择上,注重案例教学。各章节相对独立,每章后附有实验范例和实验课题。第 1 章是入门部分，第 2 章是提高部分，第 3 章及以后是应用部分。数学实验方法不仅注重 MATLAB 技术层面，还注重数学思想和数学方法应用，并展现数学文化。数学作为人类文化的一部分，有几千年历史，源头是中国、印度、埃及、古巴比伦和古希腊文明。教材中将一些经典数学问题作为实验范例和实验课题的选题来源。例如，16 世纪人们对于炮弹运动规律的研究导出了抛射曲线问题。当年伽里略在实验结论基础上，建立了抛射曲线的数学模型。将这一模型表示为二阶常微分方程组，在常微分方程中加入阻力项并且用数学软件求解，获取实验数据并重建更为完美的数学模型。在 21 世纪的今天，这是普通人也能完成的工作。教材中球谐函数曲面实验的设计目的是将数学物理方程中教学难度较大的勒让德函数以图形显示，以便于了解球谐函数的空间形式。静电场模拟实验反映了我们在课程教学中将数学结合工程应用所做的努力。用不同的数学模型和不同的实验方法模拟静电场，绘制模拟电力线，从数学角度认识和了解静电场。

　　本教材由电子科技大学数学科学学院钟尔杰、冷劲松、于时伟、李明奇、汪小平、张勇、杨宇明编写，钟尔杰主编，谢云荪教授主审。在教材写作过程中，黄廷祝教授、傅英定教授和高建老师给予了大力支持，作者借此机会表示衷心的感谢。同时对所有参与数学实验课程教学的教师表示真诚的感谢。本教材编写得到电子科技大学综合实验项目和创新实验项目的资助。

　　限于水平，书中难免有疏漏和不足之处，敬请读者批评指正。

编　者

于电子科技大学清水河校区

2012.11

目　　录

第 1 章　MATLAB 使用入门

MATLAB 是一款优秀的数学软件,软件名称是矩阵实验室(Matrix Laboratory)的英文缩写.从美国 MathWorks 公司 1984 年发布 MATLAB 到现在,该软件已成为现代工程师普遍使用的计算工具.MATLAB 提供了交互式计算环境,用于高效解决数学问题和工程问题;它也是新一代高级程序设计语言,用简短代码即可实现复杂算法.本章主要介绍 MATLAB 软件操作方法,通过了解 MATLAB 的工作界面与图形窗口,学习典型例题,掌握数学实验所需的基本技能.本书根据 MATLAB 6.5 版编写,大部分内容也适用于 MATLAB 的更高版本.

§1.1　MATLAB 工作界面与图形窗口

在 MATLAB 环境下有两种常用操作方式,即命令操作方式和文件操作方式.前一种方式适用于简单作业,在命令窗口中输入命令,即可完成计算作业或绘图作业;后一种方式适用于程序设计,在程序编辑窗口编写程序,然后在命令窗口运行程序.两种操作方式都将会获得计算结果,其数据显示在命令窗口,而图形则显示在图形窗口.

1.1.1　MATLAB 的工作界面

启动 MATLAB,将进入工作界面(见图 1.1),界面上有 3 个常用窗口:命令窗口(Command Window)、工作空间窗口(Workspace)、历史窗口(Command History).其中,命令窗口是完成数学实验作业的主要窗口.

命令窗口提供交互式计算环境,工作空间窗口显示当前变量信息,历史窗口显示全部用过的操作命令.在命令窗口中输入 MATLAB 命令将得到计算结果,计算结果会显示在输入命令的下方.

【例 1.1】　三阶幻方又被称为九宫图,在正方形棋盘上有三行三列九个方格,方格内放置 1,2,3,4,5,6,7,8,9 九个整数.数字分布如图 1.2 所示.

用 MATLAB 命令 magic()创建 3 阶幻方矩阵.

在命令窗口直接使用 MATLAB 命令

```
magic(3)
```

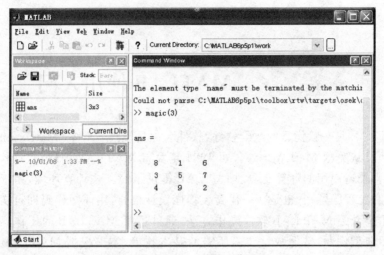

图 1.1　MATLAB 的工作界面

窗口中将显示出 3 行 3 列矩阵

$$
\begin{matrix}
8 & 1 & 6 \\
3 & 5 & 7 \\
4 & 9 & 2
\end{matrix}
$$

该矩阵的行和、列和以及对角线和均为 15. 在 MATLAB 的工作空间窗口的信息显示,内存中有一名为 ans 的变量,该变量是一个 3×3 的双精度数组.

图 1.2　三阶幻方

【例 1.2】　杨辉三角形是一类数字三角形,又称为 **Pascal 三角形**. MATLAB 命令 pascal()可计算出任意阶 Pascal 矩阵.试分析五阶 Pascal 矩阵.

在命令窗口直接使用 MATLAB 命令

```
pascal(5)
```

窗口将显示出 5 阶矩阵

$$
\begin{matrix}
1 & 1 & 1 & 1 & 1 \\
1 & 2 & 3 & 4 & 5 \\
1 & 3 & 6 & 10 & 15 \\
1 & 4 & 10 & 20 & 35 \\
1 & 5 & 15 & 35 & 70
\end{matrix}
$$

分析:矩阵中包含了 Pascal 三角形,三角形中数字为组合数 $C_n^k = n!/k!(n-k)!$ 的有序排列.矩阵的副对角线五个元素按秩序排列为:1,4,6,4,1,恰好为 $(x+y)^4$ 的展开式中各项系数.

1.1.2　MATLAB 的图形窗口

图形窗口独立于 MATLAB 命令窗口,其功能是将绘图命令绘制的图形显示于屏幕.

【例 1.3】　MATLAB 软件的图标是 MathWork 公司的徽标,原本是一个经典微分方程数值解的三维图形.该图形的数据以矩阵形式存放在系统中,用 MATLAB 命令 load logo 提取该图形的数据,并用绘图命令 mesh(L)绘制曲面图形.

在命令窗口直接使用 MATLAB 命令

```
load logo
mesh(L)
colormap([0 0 1])
```

最后一行命令控制曲面颜色,图形窗口将显示如图 1.3 所示的图形.

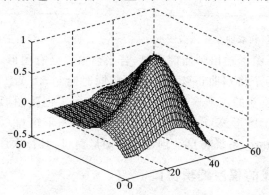

图 1.3　MATLAB 的徽标图形

注:直接键入 logo 命令,图形窗口将显示出有色彩的 MATLAB 图标.例 1.3 中 load 命令读入 logo 的数据,利用其中的矩阵变量 L,绘曲面命令 mesh(L)直接绘图并将图形输出到图形窗口.colormap([0 0 1])的功能是将网线设置为蓝色.

【例 1.4】　双曲函数是一类特殊初等函数,常用的三个双曲函数表达式如表 1.1 所示.

表 1.1　双曲函数列表

函数名	双曲正弦	双曲余弦	双曲正切
表达式	$\sinh x = \dfrac{e^x - e^{-x}}{2}$	$\cosh x = \dfrac{e^x + e^{-x}}{2}$	$\tanh x = \dfrac{e^x - e^{-x}}{e^x + e^{-x}}$

用 MATLAB 简单绘图命令 ezplot(),绘制三个双曲函数图形,要求将双曲正弦曲线和双曲余弦曲线放在同一图形窗口中.

在 MATLAB 命令窗口使用命令

```
figure(1),ezplot('sinh',[- 2,2]),hold on
ezplot('cosh',[- 2,2]),axis([- 2,2,- 1,3.8])
figure(2),ezplot('tanh',[- 2,2])
```

系统将同时创建两个图形窗口,显示出所绘的图形,如图 1.4 和图 1.5 所示.

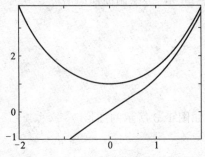

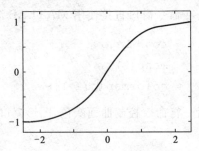

图 1.4　双曲正弦和双曲余弦函数图形　　　图 1.5　双曲正切函数的图形

注:绘图命令将图形输出到当前窗口,若当前窗口已有图形,将仅显示新图形而原有图形被删除.为了将双曲正弦和双曲余弦同时绘制,例 1.4 使用了保持图形命令 hold on.为了创建新的图形窗口输出新图形,使用了创建图形窗口命令 figure(),figure(1)创建第一个图形窗口,figure(2)创建第二个图形窗口.如果每次绘图时,在绘图命令前添加 figure,系统将自动创建新的图形窗口,且按次序为图形窗口编号.

1.1.3　MATLAB 的程序编辑窗口

需多步操作才可以完成的复杂任务,通常用程序操作方式完成任务. MATLAB 的程序操作方式通常包括三个步骤:

(1)用 edit 命令打开程序编绩窗口;

(2)逐行录入 MATLAB 命令或语句(即程序代码),并保存为程序文件;

(3)返回到命令窗口,键入程序文件名运行,观察计算结果.

【例 1.5】 传说国际象棋发明人曾请古印度国王赐予大麦,他求赐的大麦数量按如下规则计算:在国际象棋棋盘的 64 个方格中,第一格放一麦粒,第二格放两粒,第三格放四粒,……,依此类推.每格比前一格麦粒数多一倍,直到放满 64 格为止.试用 MATLAB 计算麦粒数并验证这些大麦几乎可以覆盖地球表面.

分析:计算该问题需做进一步假设,设地球是半径为 $R=6400(\text{km})$ 的球体,则地球表面积为 $S_0=4\pi R^2 (\text{km}^2)$;再设每平方厘米大麦数为 $f=4$,则每平方公里的麦粒数为 $M=f\times 10^{10}$.而棋盘共 64 个格子,按规则计算所需大麦粒数

$$N=1+2+2^2+\cdots+2^{63}=2^{64}-1.$$

这些大麦的覆盖面积为 $S = N/M (\mathrm{km}^2)$，由此计算出大麦覆盖地球表面百分比. 将计算步骤整理，写成 MATLAB 程序（文件名：chess. m）如下：

```
f= 4;R= 6400;              % 输入初始数据
S0= 4* pi* R* R;           % 计算地球表面积
M= f* 10^10;               % 计算大麦覆盖一平方公里颗粒数
N= 2^64- 1;                % 计算发明者所需大麦颗粒数目
S= N/M;                    % 计算所需大麦覆盖面积
proportion= 100* S/S0      % 计算大麦覆盖面积占地球面积的百分比
```

在 MATLAB 命令窗口键入 edit 并按【Enter】键，进入程序编缉窗口，录入程序（见图 1.6）.

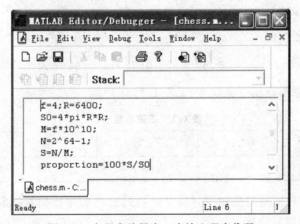

图 1.6　在程序编缉窗口中输入程序代码

程序录入完毕后，将其保存（单击磁盘图标即可），并将文件命名为 chess. 返回到命令窗口（只需将程序编辑窗口极小化），输入文件名 chess 并按【Enter】键，命令窗口将显示最终计算结果

$$proportion = 89.596\ 3$$

数据表明国际象棋发明人所需大麦几乎覆盖地球表面的 90%.

注：程序中语句行以分号结束则不显示数据，只有最后一行没有用分号，程序运行后将显示出百分比的数据.

§1.2　向量创建与一元函数图形

向量又被称为**一维数组**. 用 MATLAB 计算一元函数值时，自变量是输入数据，函数值是输出数据. 如果输入数据是向量，则输出数据是同维数的向量.

1.2.1 向量的创建

创建向量常用方法有:直接输入法、冒号表达式法和等分函数法.

1. 直接输入法创建向量

直接输入法是创建向量的常用方法,输入时将向量元素用方括号"[ ]"括起来,元素之间用逗号(或空格)隔开.

【例 1.6】 计算正弦函数 $\sin\alpha$ 在 $\alpha_1 = 15°,\alpha_2 = 30°,\alpha_3 = 45°,\alpha_4 = 60°$ 处的函数值,并制作函数表.

首先,需要将角度转换为弧度,再调用正弦函数计算,在命令窗口中直接使用命令

```
alpha= [15,30,45,60]* pi/180;

sin(alpha)
```

命令窗口将显示函数值

```
ans=  0.2588    0.5000    0.7071    0.8660
```

利用计算结果可以制作正弦函数表(见表 1.2).

表 1.2　正弦函数表

α	15°	30°	45°	60°
$\sin x$	0.258 8	0.500 0	0.707 1	0.866 0

注:直接法创建向量时使用逗号隔开向量元素将创建行向量;如果用分号隔开向量元素,则可以创建列向量.

2. 利用冒号表达式创建向量

在计算函数值时常需要创建某区间上有限个等分点,这些等分点按单增次序构成等差数列. 冒号表达式创建向量方法正是利用公差做步长创建等差数列. 使用格式为

```
x= x0:step:xn
```

其中第一个数据 x0 是初值,第二个数据 step 是步长,第三个数据 xn 是终值,而 x 是所创建的向量名称. 在冒号表达式中,当步长 step=1 时,可以省略表达式中第二项,直接使用

```
x= x0:xn
```

当初值大于终值时,步长 step 应该为负数. 表达式中的 xn 不一定成为 x 最后一个元素;因为 xn—x0 不一定是 step 的整数倍.

【例 1.7】 计算等差数列以及等比数列之和: $S_1 = \sum_{k=1}^{100} k; S_2 = \sum_{n=1}^{63} 2^n.$

这两个级数中,第一个是公差为 1 的等差级数,第二个是公比为 2 的等比级数. 等比级数的幂数 n 按步长 1 递增. 在命令窗口中直接使用命令

```
k= 1:100;
S1= sum(k)
n= 1:63;
S2= sum(2.^n)
```

命令窗口将显示计算结果

```
S1= 5050
S2= 1.8447e+ 019
```

显然,等差数列之和较等比数列之和要小得多. 虽然 S2 是正整数,由于超出了 MATLAB 整数的范围,所显示数据显示为实数近似值 $1.8447e+019$,即 1.8447×10^{19}.

注:sum() 是 MATLAB 中的求和命令,其功能是对变量的数据元素求和.

MATLAB 还提供了用线性等分函数和对数等分函数创建向量的方法(见表 1.3).

表 1.3　函数生成向量使用格式

使　用　格　式	说　　明
u＝linspace(x1,x2)	生成 100 维向量,其中 $u(1)=x_1$,$u(100)=x_2$
u＝linspace(x1,x2,n)	生成 n 维向量,其中 $u(1)=x_1$,$u(n)=x_2$
u＝logspace(x1,x2)	生成 50 维向量,其中 $u(1)=10^{x_1}$,$u(50)=10^{x_2}$
u＝logspace(x1,x2,n)	生成 n 维向量,其中 $u(1)=10^{x_1}$,$u(n)=10^{x_2}$

线性等分函数 linspace() 创建等差数列,对数等分函数 logspace() 创建等比数列.

【例 1.8】　用线性等分函数 linspace() 创建区间 $[0,2\pi]$ 上等分点,根据区间 $[0,2\pi]$ 上等分点数据计算单位圆上等分点,分别绘制正三边形、六边形和正十二边形图形.

分析:正多边形顶点方位角对应区间 $[0,2\pi]$ 上的等分点. 为了绘制封闭图形,顶点数目应比边数多一个. 以六边形为例,需要七个顶点,其中第七个顶点与第一个顶点重合. 利用区间 $[0,2\pi]$ 上的 7 个等分点数据,计算单位圆上七个点的坐标数据

$$x_j = \cos \alpha_j, \qquad y_j = \sin \alpha_j, \quad (j=0,1,2,\cdots,6)$$

即六边形顶点坐标,应用绘图命令就可以绘出六边形图形.

在 MATLAB 的命令窗口中使用命令

```
alpha= linspace(0,2* pi,4);
bata= linspace(0,2* pi,7);
```

```
gama= linspace(0,2* pi,13);
x1= sin(alpha);      % 计算三角形顶点坐标
y1= cos(alpha);
x2= sin(bata);       % 计算六边形顶点坐标
y2= cos(bata);
x3= sin(gama);       % 计算十二边形顶点坐标
y3= cos(gama);
plot(x1,y1,x2,y2,x3,y3)
```

MATLAB 图形窗口将同时显示出正三边形、正六边形和正十二边形图形,如图 1.7 所示.

注:创建区间$[0,1]$上的 n 个等分点可用 linspace(0, 1,n),创建区间$[0,2\pi]$上 n 个等分点用 linspace(0,2 * pi,n). plot()是基本平面绘图命令.

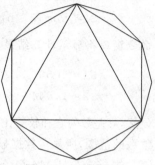

图 1.7　正多边形图

1.2.2　常用数学函数

MATLAB 系统提供了大量的数学函数,包括内部函数和外部函数.常用的基本初等函数在系统中是内部函数,例如三角函数、指数函数等.外部函数是以函数文件形式存放在系统中的函数,例如求平均值函数 mean()等.解决实际问题时需要根据数学表达式定义新函数.一种简单定义函数方法是创建内嵌函数对象(inline object).

1.基本数学函数

MATLAB 中基本数学函数包括三角函数类、指数函数类、复数函数类、取整和求余函数以及数据处理函数类.三角函数、反三角函数、双曲函数和反双曲函数列表如表 1.4 所示.

表 1.4　常用的三角函数函数

函　　数	名函数功能	函　　数	名函数功能
$\sin(x)$	正弦函数	$\mathrm{asin}(x)$	反正弦函数
$\cos(x)$	余弦函数	$\mathrm{acos}(x)$	反余弦函数
$\tan(x)$	正切函数	$\mathrm{atan}(x)$	反正切函数
$\sinh(x)$	双曲正弦函数	$\mathrm{asinh}(x)$	反双曲正弦函数
$\cosh(x)$	双曲余弦函数	$\mathrm{acosh}(x)$	反双曲余弦函数
$\tanh(x)$	双曲正切函数	$\mathrm{atanh}(x)$	反双曲正切函数
$\mathrm{atan2}(y,x)$	四象限反正切函数		

【例 1.9】 已知平面上四个点的坐标(见表 1.5).

表 1.5 直角坐标数据

x	1.119 3	$-0.537\,3$	$-0.537\,3$	1.119 3
y	1.938 6	0.930 6	$-0.930\,6$	$-1.938\,6$

分别计算出四个点的平面极坐标数据,并用极坐标绘图命令 polar()表示四个点的位置.

分析:平面上任意点(x,y)的极半径为$r=\sqrt{x^2+y^2}$,该点的方位角为$\alpha=$atan(y/x),可用正切函数 atan2()计算,结束如图 1.8 所示.

在 MATLAB 命令窗口输入下面命令:

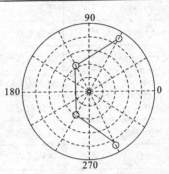

图 1.8 极坐标系中点的位置

```
x= [1.1193,- 0.5373,- 0.5373,1.1193];
y= [1.9386,0.9306,- 0.9306,- 1.9386];
alpha= atan2(y,x);
r= sqrt(x.^2+ y.^2)
polar(alpha,r,'ro- ')
bata= alpha* 180/pi
```

命令执行后,得数据如下:

```
r=
    2.2385    1.0746    1.0746    2.2385
bata=
    59.9989  120.0008  - 120.0008  - 59.9989
```

将四个点的极坐标数据列表(见表 1.6).

表 1.6 极坐标数据

半径	2.238 5	1.074 6	1.074 6	2.238 5
方位角(度)	59.998 9	120.000 8	$-120.000\,8$	$-59.998\,9$

显然,第一象限和第二象限的方位角为正数,第三象限和第四象限的方位角为负数.

注:程序中方位角 alpha 的数据是弧度制,而 bata 是将弧度转换为度所得数据.四点连线为折线,利用第 4 章的数据拟合方法可以绘出通过四个点且开口向右的抛物线.

指数与对数、复数函数以及取整和求余常用函数列表如表 1.7 所示.

表 1.7　常用的基本数学函数

函数名	函数功能	函数名	函数功能
abs(x)	绝对值	angle(z)	复数 z 的相角
sqrt(x)	开平方	real(z)	复数 z 的实部
conj(z)	共轭复数	imag(z)	复数 z 的虚部
round(x)	四舍五入取整	fix(x)	舍去小数取整
floor(x)	舍去正小数取整	ceil(x)	加入正小数取整
rat(x)	连分数逼近	sign(x)	符号函数
gcd(x,y)	最大公因数	rem(x,y)	求 x 除以 y 的余数
exp(x)	自然指数	lcm(x,y)	整数 x,y 的最小公倍数
log(x)	以 e 为底的对数	pow2(x)	以 2 为底的指数
log10(x)	以 10 为底的对数	log2(x)	以 2 为底的对数

表中四个取整函数有不同的功能,反映出四种取整法则:四舍五入取整、向零方向取整、向负无穷大方向取整和向正无穷大方向取整.

【**例 1.10**】　用 ezplot() 命令绘制衰减振荡函数 $y = \mathrm{e}^{-0.5x}\sin 5x$ 的图形.

在命令窗口使用命令

```
ezplot('exp(- 0.5* x)* sin(5* x)',[0,10,- 1,1])
```

图形窗口将显示衰减振荡曲线,如图 1.9 所示.

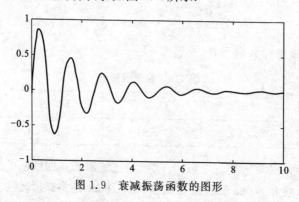

图 1.9　衰减振荡函数的图形

函数图形表明,该函数当 x 趋于无穷大时,函数值振荡减弱趋于零.

注:ezplot()是函数的简易绘图方法,本例中单引号内是函数表达式,方括号内是曲线的左右边界和上下边界.

2. 内嵌函数

数值计算常使用比较复杂的数学表达式获得数值结果.在解决实际问题时,如果频繁使用同一个数学表达式,则应该定义一个临时函数以方便操作.在 MATLAB 中**内嵌函数**具有临时函数的功能,定义方法如下

$$函数名＝inline('表达式')$$

内嵌函数的优点是简单快速定义出所需要的一元函数或多元函数,缺点是只能由一个表达式构造函数,只返回一个变量.

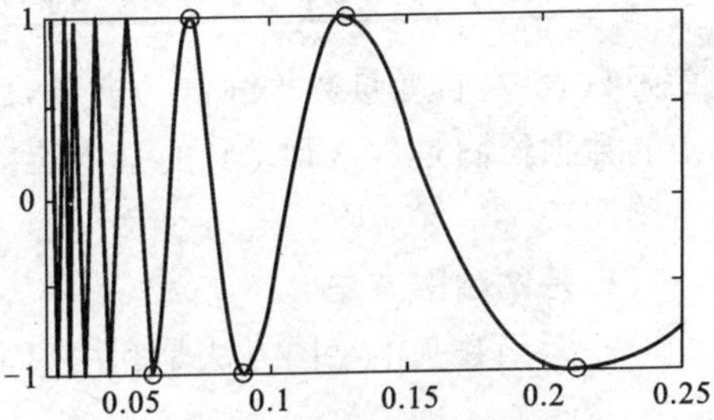

【例 1.11】 利用 MATLAB 内嵌函数方法定义函数 $f(x)=\sin\dfrac{1}{x}$,并计算该函数在极值点 $x=2/(2k+1)\pi,(k=1,2,\cdots,5)$ 处的值,如图 1.10 所示.

图 1.10　振荡曲线和极值点

在 MATLAB 命令窗口直接使用命令

```
fun= inline('sin(1./x)')
N= 1:5;x= 2./(2* N+ 1)/pi;
y= fun(x)
fplot(fun,[.02,.25]),hold on
plot(x,y,'ro')
```

屏幕将显示

```
fun=
    Inline function:
fun(x)= sin(1./x)
y=
    - 1    1    - 1    1    - 1
```

注:内嵌函数计算函数值具有针对向量的计算功能.fplot()的功能与 ezplot()功能相似,hold on 是保持原图形并绘新图形所必须加入的开关命令.

在命令窗口使用 whos 命令,窗口显示内嵌函数对象所占用空间情况.

```
Name      Size          Bytes Class
fun       1x1           840 inline object
```

1.2.3 一元函数绘图

一元函数的离散形式是一维数组. 由一组自变量和对应的函数值形成函数表(见表 1.8), 即

表 1.8 函 数 表

x	x_0	x_1	$\cdots$	x_n
$f(x)$	y_0	y_1	$\cdots$	y_n

在函数表中, 自变量数据表现为向量, 函数值数据表现为维数相同的向量. 利用函数表中的数据绘图是 MATLAB 的基本绘图方法. 另外的方法是直接使用函数名绘图(简易绘图).

1. 基本绘图方法

一元函数基本绘图方法是利用离散数据绘图, 常用使用格式为

```
plot(X,Y)
```

这一格式需要自变量数据 X 和函数值数据 Y, 注意 Y 是与 X 同维数向量. 如果 X 和 Y 是同阶矩阵, 则绘图命令根据 X 和 Y 的列向量绘制曲线簇. 下面格式

```
plot(X1,Y1,X2,Y2)
```

只绘出两条曲线. 其中, X_1 和 Y_1 是第一条曲线的数据, X_2 和 Y_2 是第二条曲线的数据.

【例 1.12】 分别计算函数 $y = x \exp(-x^2)$ 在 $x \in [-3,3]$ 内的较粗糙的和较精细的函数值, 绘出函数的离散点图和曲线图形.

在命令窗口输入下面三行, 注意第一行结束时不加分号, 函数表达式中用"点星号"表示乘法

```
x= - 3:3;y= x.* exp(- x.^2)        % 计算较粗糙的函数值
xi= - 3:.1:3;yi= xi.* exp(- xi.^2);   % 计算较精细的函数值
plot(x,y,'o',xi,yi)               % 用两组数据绘图
```

命令执行后, 得函数值数据制. 图形窗口将绘出函数离散点和曲线的图形(见图 1.11).

注: plot() 命令是一元函数绘图的基本命令, 当自变量数据取得细密时, 所绘制的曲线就表现光滑, 自变量点取得稀疏时, 所绘曲线就表现粗糙. 在例 1.12 中, 对六个离散点数据绘图采用的是小圆圈方式.

如果对曲线的颜色和线型有特殊要求, 则应该用下面格式

```
plot(X,Y,'S')
```

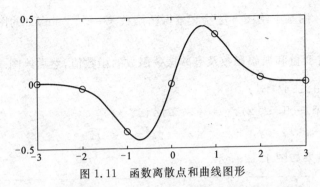

图 1.11　函数离散点和曲线图形

这一格式中单引号内的字符 S 是类型说明参数,用于控制所绘图形的颜色和线型.控制参数分三类,包括颜色、点型和线型.如果用绘图命令时省略了类型说明参数,则颜色由系统自动选取,默认的线型为实线.通常是将颜色和线型参数结合使用放入单引号中.参数的符号和意义如表 1.9 所示.

表 1.9　图形控制选项列表

S 取值	颜色(RGB 值)	S 取值	线型名
y	黄(110)	—	实线
m	洋红(101)	:	点线
c	青色(011)	—.	点画线
r	红(100)	--	虚线
g	绿(010)		
b	蓝(001)		
w	白(111)		
k	黑(000)		

曲线绘图命令可以将线型参数和颜色参数结合使用,还可以用表 1.10 中的点型参数代替线型参数绘图.

表 1.10　部分点型参数值

S 取值	.	o	x	+	*	s	d	p
点型名	点	小圆	x 标记	加号	星号	小方框	小棱形	五角星

另外,还有一些参数如下:上三角形使用"^"、下三角形使用"v"、左三角形使用"〈"、右三角形使用"〉"、六角形使用"h".

【例 1.13】 用基本绘图方法绘衰减振荡函数 $y = e^{-0.5x} \sin 5x$ 的图形并用虚线表示振幅衰减情况.

首先计算自变量和振幅函数及衰减振荡函数的函数值,然后绘图.

```
x= 0:0.1:4* pi;
y= exp(- 0.5* x);y1= y.* sin(5* x);
plot(x,y1,x,y,'- - r',x,- y,'- - r')
```

图形窗口显示结果如图 1.12 所示.

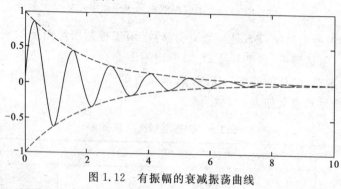

图 1.12　有振幅的衰减振荡曲线

【例 1.14】 平面抛射曲线的参数方程为

$$\begin{cases} x = v_0 \cos \alpha \times t \\ y = v_0 \sin \alpha \times t - \dfrac{1}{2} g t^2 \end{cases},$$

其中 v_0 为初始速度,α 为发射角,g 是重力加速度. $v_0 = 100\text{m/s}$,用 plot() 命令绘制 $45°$ 发射角的抛射曲线,并计算射程.

分析: 初始速度和发射角确定之后,可计算出飞行时间 $t = 2v_0 \sin \alpha / g$,由此得区间,在区间内取离散数据得飞行时刻,便可计算各时刻的坐标数据并绘制图形.

整理解题步骤,在程序编辑窗口中录入下面程序段

```
v0= 100;g= 9.8;
alpha= pi/4;
T= 2* v0* sin(alpha)/g;          % 计算飞行时间
t= (0:16)* T/16;                 % 计算飞行时刻
x= v0* t* cos(alpha);            % 计算航线坐标点
y= v0* t* sin(alpha)- g* t.^2/2;
plot(x,y,x,y,'r* ')
xmax= x(17)
```

保存文件名为 throw,然后回到命令窗口键入文件名 throw 并按【Enter】键,将得射程数据

xmax=

1.0204e+ 003

图形窗口将出现如图 1.13 所示的抛射曲线.

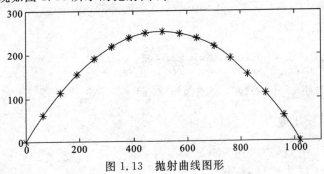

图 1.13　抛射曲线图形

2. 函数绘图方法

函数绘图方法是直接针对函数进行操作,被操作的函数可以是 MATLAB 的内部函数、外部函数、用户定义的内嵌函数或者用户创建的函数文件函数. 使用格式为:

fplot(fun,[xmin,xmax,ymin,ymax])

方括号中四个数据是图形窗口中显示二维直角坐标系下曲线的范围.

【例 1. 15】　用函数绘图方法绘制函数 $f(x) = x\sin(1/x)$ 的图形.

在命令窗口中使用命令

```
fun= inline('x.* sin(1./x)')
fplot(fun,[- 0.1,0.1])
```

图形窗口将显示如图 1.14 所示的函数图形.

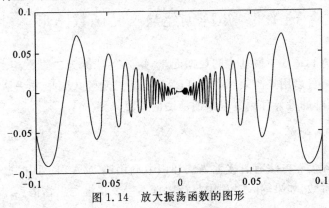

图 1.14　放大振荡函数的图形

函数图形表明,该函数当 x 趋近于零时,函数值以高频振荡形式趋近于零.当自变量趋于无穷大时,函数值振荡加剧.

3. 简易绘图方法

简易绘图方法与函数绘图方法一样,也是直接针对函数进行操作,被操作的函数可以是 MATLAB 的内部函数、外部函数、用户定义的内嵌函数或者用户创建的函数文件函数.使用格式为:

```
ezplot(Fun,[xmin,xmax,ymin,ymax])
```

【例 1.16】 用 ezplot() 命令绘制函数 $f(x) = \dfrac{\sin x}{x}$ 的图形.

在命令窗口使用命令

```
f= inline('sin(x)./x')
ezplot(f,[- 12,12])
```

图形窗口将显示如图 1.15 所示的曲线.

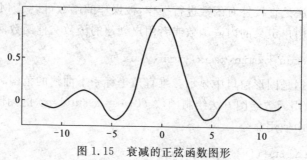

图 1.15 衰减的正弦函数图形

函数图形表明,该函数当 x 增大时,函数振荡减弱.

§1.3 矩阵创建与二元函数图形

矩阵是 MATLAB 中最基本的数据元素,矩阵也被称为**二维数组**.矩形域上规则点的二元函数值可以用矩阵表示,MATLAB 绘制二元函数图形方法是以矩阵为基础的绘图方法,矩阵的设计和创建是绘曲面图的重要步骤.

1.3.1 矩阵的创建

常用的矩阵创建方法有直接输入法和函数调用法.MATLAB 根据所输入数据自动确定矩阵的阶数,如果输入过程中每行数据不一致将报告出错信息.

1. 直接输入法创建矩阵

如同向量创建的直接方法一样,当矩阵阶数较小时,在方括号内直接输入矩阵元素可创建矩阵.矩阵的同一行元素之间可用逗号","(或空格)分隔,两相邻的行之间用分号";"分隔.由于矩阵常用于数值计算中的输入,应注意:

(1)矩阵中的元素可以是数字或表达式,但表达式中不可以包含未知变量;

(2)无任何元素的空矩阵也合法,空矩阵有广泛的应用.

【例 1.17】 希尔伯特矩阵是一类对称矩阵.3 阶希尔伯特矩阵如下:

$$H = \begin{bmatrix} 1 & 1/2 & 1/3 \\ 1/2 & 1/3 & 1/4 \\ 1/3 & 1/4 & 1/5 \end{bmatrix},$$

用直接法创建 3 阶希尔伯特矩阵,并分别用实数和分数形式表示.

在 MATLAB 命令窗口中输入命令:

```
H=[1,1/2,1/3;1/2,1/3,1/4;1/3,1/4,1/5]    % 创建并显示三阶矩阵
format rat                                % 以分数格式显示数据
H                                         % 重新显示变量 H 的数据
```

MATLAB 执行这三条语句后,命令窗口将显示出实数型和分数型的三阶希尔伯特矩阵.

```
H=
    1.0000    0.5000    0.3333
    0.5000    0.3333    0.2500
    0.3333    0.2500    0.2000
H=
    1        1/2       1/3
    1/2      1/3       1/4
    1/3      1/4       1/5
```

注 1:百分号"%"用于 MATLAB 程序注释,百分号后面的文字不影响计算.

注 2:希尔伯特可以用命令 hilb()创建,也可以用下面三条命令创建

```
n=3;II=1:n;             % 设置矩阵阶数
Ik=ones(n,1)* II;       % 向量外积创建矩阵
H=1./(Ik+ Ik'- 1)       % 用数组除创建新矩阵
```

注 3:format rat 的功能是将希尔伯特矩阵的数据显示格式调整为分数形式.MATLAB 系统对实数的默认数据显示格式是 5 位定点数形式,显然 5 位数表示的数据是有误差的近似数.

　　数据显示格式控制命令 format 后面的开关参数不同,则数据显示格式不同.无开关参数的 format 功能是恢复系统默认数据短格式显示.具体应用方法如表 1.11 所示.

表 1.11　数据显示格式功能表

命令参数	功　　能
format	缺省,与 format short 功能相同
format short	5 位定点数表示
format long	15 位定点数表示
format short e	5 位浮点数表示
format long e	15 位浮点数表示
format rat	近似的有理数表示
format hex	十六进制表示
format ＋	分别用＋、－和空格表示矩阵中正数、负数和零
format bank	银行格式

2. 利用函数创建特殊矩阵

　　工程计算中常用到各种特殊矩阵,例如零矩阵、单位矩阵和全"1"矩阵等.MATLAB 提供了创建常用特殊矩阵的函数(见表 1.12).

表 1.12　特殊矩阵函数表

函数名	创建矩阵	函数名	创建矩阵
zeros(m,n)	$m \times n$ 阶零矩阵	eye(m,n)	$m \times n$ 阶单位矩阵
ones(m,n)	$m \times n$ 阶全 1 矩阵	gallery	Higham 测试矩阵
rand(m,n)	$m \times n$ 阶随机矩阵	rand(size(A))	与 A 同阶的随机矩阵
magic(n)	n 阶幻方矩阵	randn(m,n)	$m \times n$ 阶正态随机数矩阵
hilb(n)	n 阶 Hilbert 矩阵	invhilb(n)	n 阶逆 Hilbert 矩阵
toeplitz(m,n)	$m \times n$ 阶 Toeplitz 矩阵	hadamard(n)	n 阶 Hadmard 矩阵
wilkinson(n)	n 阶 Wilkinson 特征值测试矩阵	pascal(n)	n 阶 Pascal 矩阵
vander(C)	由向量 C 生成范德蒙矩阵	compan(P)	多项式 P 的伴随矩阵
kron(A,B)	矩阵 A,B 的 Kronecker 乘积	hankel(m,n)	$m \times n$ 阶 Hankel 矩阵

【例 1.18】　用 magic(4) 创建 4 阶幻方矩阵 A，验证 A 的各列元素之和、各行元素之和、主对角线元素之和以及副对角线元素之和均为 34. 并绘矩阵元素为高度的 bar 图.

在命令窗口中输入命令，每行结束时不用分号将显示数据

```
A= magic(4)
sum(A,1)               % 求矩阵列和
sum(A,2)               % 求矩阵行和
sum(diag(A))           % 求矩阵主对角线元素和
B= rot90(A)            % 将矩阵 A 逆时针旋转 90 度
sum(diag(B))           % 求 A 的副对角线元素和
bar3(A,'w'),axis off   % 绘矩阵三维 bar 图
```

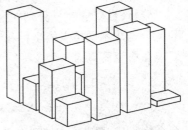

屏幕显示矩阵 A 的列和为行向量，矩阵的行和为列向量（每个元素均为 34）；矩阵 A 的对角元和为 34，矩阵 B 的对角元和也为 34，如图 1.16 所示. A、B 矩阵的数据如下：

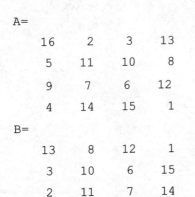

图 1.16　四阶幻方矩阵 bar 图

```
A=
    16     2     3    13
     5    11    10     8
     9     7     6    12
     4    14    15     1
B=
    13     8    12     1
     3    10     6    15
     2    11     6    14
    16     5     9     4
```

注：命令 diag(A) 提取矩阵 A 的对角元素产生一个列向量，命令 rot90() 使矩阵逆时针旋转 $90°$.

3. 用二元函数表达式创建矩阵

如果二元函数 $z=f(x,y)$ 定义域为平面矩形区域

$$D=\{(x,y)\,|\,a\leqslant x\leqslant b,c\leqslant y\leqslant d\},$$

取正整数 N 和 M，令：$h_1=(b-a)/N,\quad h_2=(d-c)/M.$

令：

$$x_i = a + ih_1, (i = 0, 1, \cdots, N),$$
$$y_j = c + jh_2, (j = 0, 1, \cdots, M).$$

则点 $(x_i, y_j), (i = 0, 1, \cdots, N; j = 0, 1, \cdots, M)$ 组成网格点集合如图 1.17 所示.

所有网格点上的函数值 $z_{ij} = f(x_i, y_j)$ 按序排列成矩阵 $\mathbf{Z} = (z_{ij})_{N \times M}$. 由于 MATLAB 可以对数据块直接进行计算,所以网格点坐标用矩阵表示便于计算函数值.

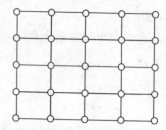

图 1.17　5×5 网格点形成的棋盘

【例 1.19】 计算二元函数 $z = x \cdot \exp(-x^2 - y^2)$ 在区域

$$D = \{(x, y) \mid -2 \leqslant x \leqslant 2, -2 \leqslant y \leqslant 2\}$$

上的离散数据,显示 5 阶矩阵的函数值.

分析:自变量 x, y 分别在区间 $[-2, 2]$ 上取四等分形成网格点 (x_i, y_j),用矩阵 $\mathbf{X}$ 和 $\mathbf{Y}$ 分别表示网格点横坐标和纵坐标.利用表达式可计算出对应的函数值.

在命令窗口输入命令

```
[X,Y]= meshgrid(- 2:2,- 2:2)        % 创建网格点坐标
Z= X.* exp(- X.^2- Y.^2)            % 计算函数值
```

命令执行后,屏幕将显示数据如下:

```
X=
    - 2     - 1      0      1      2
    - 2     - 1      0      1      2
    - 2     - 1      0      1      2
    - 2     - 1      0      1      2
    - 2     - 1      0      1      2
  Y=
    - 2     - 2     - 2     - 2     - 2
    - 1     - 1     - 1     - 1     - 1
      0       0       0       0       0
      1       1       1       1       1
      2       2       2       2       2
  Z=
    - 0.0007    - 0.0067      0     0.0067     0.0007
    - 0.0135    - 0.1353      0     0.1353     0.0135
```

− 0.0366	− 0.3679	0	0.3679	0.0366
− 0.0135	− 0.1353	0	0.1353	0.0135
− 0.0007	− 0.0067	0	0.0067	0.0007

注:使用 MATLAB 命令 meshgrid()可以创建网格点坐标数据.横坐标数据 X 和纵坐标数据 Y 都以矩阵形式出现,它们不一定是方阵,但 X 的阶数与 Y 的阶数相同.X 的每一行数据相同,Y 的每一列数据相同.两个矩阵对应元素组成的二元数就是网格点的坐标数据.调用 X 和 Y 计算函数值时,表达式中乘法、除法和方幂都要在运算符号前增加点号,才能实现数据块计算.

1.3.2　二元函数的图形绘制

二元函数的图形常用两种方式表现:第一种是曲面方式,第二种是等高线方式.曲面方式常用绘图命令 mesh(),等高线方式常用 contour().

以曲面方式绘制二元函数图形分三步进行:生成二元函数自变量的网格点坐标数据 X 和 Y;利用二元函数表达式计算函数值 Z;利用 MATLAB 绘曲面命令绘图.

1. 绘制三维网面方法

利用 X 坐标矩阵、Y 坐标矩阵和函数值矩阵 Z 绘制出三维网面.命令使用格式为

```
mesh(X,Y,Z)
```

其中,X、Y、Z 是三个维数相同的矩阵.相关命令有:surf,meshc,meshz,waterfall.

【例 1.20】　绘制二元函数 $z = x \cdot \exp(-x^2 - y^2)$ 在区域
$$D = \{(x,y) \mid -2 \leqslant x \leqslant 2, -2 \leqslant y \leqslant 2\}$$
上的曲面图形.

MATLAB 程序如下:

```
[x,y]= meshgrid(- 2:0.2:2);      % 创建自变量网格点矩阵
z= x.* exp(- x.^2- y.^2);        % 计算网格点对应函数值矩阵
mesh(x,y,z)                      % 绘网格曲面图
colormap([0 0 1])               % 将网格曲面中线色确定为蓝色
```

程序运行后图形窗口显示如图 1.18 所示.

注:colormap()是设定图形颜色的命令,其中方括号内的三个数据分别代表红、绿、蓝三种颜色的搭配.[0,0,1]表示用蓝色,同理[1,0,0]表示用红色,[0,1,0]表示用绿色.如果不设定网格线颜色,则 MATLAB 将自动给曲面着色,自动着色时按函数值由小到大的次序将对应曲面处着为由蓝色到红色的过渡.

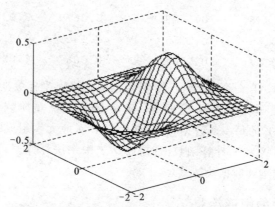

图 1.18　设定网格线颜色为蓝色的二元函数图形

2. 等高线绘制方法

等高线图形通过一定范围内二元函数等值点的连线来反映数据分布特征.绘制命令为 contour(),其使用格式为

```
contour(X,Y,Z)
```

其中 **X**、**Y**、**Z** 的意义与网面绘制命令 mesh()相同.

等高线图的简单使用格式为

```
contour(Z)
```

等高线的水平数和等高线水平值根据 **Z** 的最小和最大值自动选取.简单使用格式中 **X** 和 **Y**,取正整数 $1,2,\cdots,n$ 和 $1,2,\cdots,m$,其中 m 和 n 分别是矩阵 **Z** 的行数和列数.

指定水平数的等高线绘制命令使用格式为

```
contour(Z,n)
```

其中,n 表示等高线数.

【**例 1.21**】　绘制二元函数 $z = x\exp(-x^2 - y^2)$ 在区域
$$D = \{(x,y) \,|\, -2 \leqslant x \leqslant 2, -2 \leqslant y \leqslant 2\}$$
上的等高线图形.

在 MATLAB 命令窗口录入命令

```
[x,y]= meshgrid([- 2:0.1:2]);
Z= x.* exp(- x.^2- y.^2);        % 计算二元函数值
contour(Z),colormap([0 0 1])     % 用蓝线绘等高线
figure,contourf(Z)               % 绘有色彩的等高线
```

命令执行后,图形窗口显示等高线图如图 1.19 和图 1.20 所示.

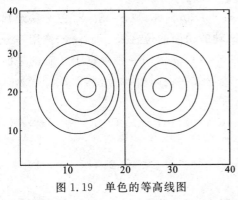

图 1.19　单色的等高线图

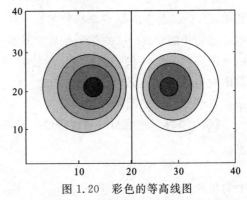

图 1.20　彩色的等高线图

注:

(1)等高线的水平数缺省时,系统默认值是 9,等高线水平值根据 **Z** 的最小和最大值自动选取;

(2)等高线绘图的简易命令为 ezcontour(),例如:ezcontour('x * exp(−x^2−y^2)')将绘出与图 1.19 相似的图形;

(3)简单易绘曲线命令 ezplot(f)也可以绘出一条等高线,所绘的是 $f(x,y)=0$ 中的隐函数图形.

1.3.3　三元函数的可视化

立方体区域上规则点系列形成三元函数的离散形式是"立体矩阵"(三维数组).三元函数 $u=f(x,y,z)$ 中三个自变量与因变量 u 构成了四维空间的数据结构.在三维空间中将三元函数图视化的方法是:在空间不同的点位上,根据函数值大小用不同颜色在点位上做标记.函数值数据大的点位标记红色(函数值越大红色越深),函数值数据小的点位标记蓝色(函数值越小蓝色越深).三元函数的可视化用三维实体的"切片色图"实现.掌握这一技术需要了解 MATLAB 中的切片色图函数 slice(),与这一函数相关的有空间坐标数组生成函数 meshgrid(),以及色图参数的命令.

1. 空间坐标数组

绘制三维切片图时,首先要生成空间直角坐标点的坐标数组.其格式如下:

[X,Y,Z]= meshgrid(x,y,z)

如果三个一维数组 x,y,z 中元素分别为 m,n,p 个,则 X,Y,Z 均是 $m\times n\times p$ 的三维数组(立体矩阵).X,Y,Z 可用于三元函数计算以及三维体图绘制.

2. 切片色图

空间中三维实体的切片色图命令使用格式如下:

```
slice(X,Y,Z,u,Sx,Sy,Sz)
```

其中，X,Y,Z 是空间结点坐标数组，u 必须是 $m \times n \times p$ 阶矩阵，S_x,S_y,S_z 三个一维数组确定切片的位置. S_x 的作用是确定垂直于 x 轴的切面的位置；S_y 和 S_z 的作用是分别确定垂直于 y 轴和 z 轴的切面的位置. 例如 $S_x=1$，表示用一张垂直于 x 轴的平面截出数据，这张平面与 x 轴相交的交点的 x 坐标为 $x=1$；同理 $S_x=[1,2,2.5]$ 表示三张垂直于 x 轴的平面所在位置.

【例 1.22】 使用 slice() 命令绘三元函数 $u(x,y,z)=x \cdot \exp(-x^2-y^2-z^2)$ 在区域

$$\Omega=\{(x,y,z)\,|-2 \leqslant x \leqslant 2, -2 \leqslant y \leqslant 2, -2 \leqslant z \leqslant 2\}$$

上的切片色图如图 1.21 所示.

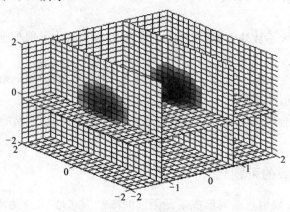

图 1.21　三元函数的可视化

MATLAB 程序段如下

```
[x,y,z]= meshgrid(- 2:.2:2);                  % 创建空间网格点
u= x.* exp(- x.^2- y.^2- z.^2);               % 计算三元函数值
sx= [- 1.2,0.8,2];sy= 2;sz= [- 2,- 0.2];      % 确定切片位置
slice(x,y,z,u,sx,sy,sz)                        % 绘切片图
colorbar('horiz')                              % 确定色图参数
```

3. 色图参数

色图参数通过色图命令 colormap 调用实现对图像的色图设置和改变. 命令格式为

```
colormap(CM)
```

CM 表示色图参数，不同的参数值代表不同的用色方案. CM 取值列表如表 1.13 所示.

表 1.13　色图参数表

CM	含　义	CM	含　义
autumn	红、黄浓淡色	jet	蓝头红尾饱和值色
bone	蓝色调浓淡色	lines	采用 plot 绘线色
colorcube	三浓淡多彩交错色	pink	淡粉红色
cool	青、品红浓淡色	prism	光谱交错色
copper	纯铜色调线性浓淡色	spring	青、黄浓淡色
flag	红-白-蓝-黑交错色	summer	绿、黄浓淡色
gray	灰色调线性浓淡色	winter	蓝、绿浓淡色
hot	黑-红-黄-白浓淡色	white	全白色
hsv	两端为红的饱和色		

MATLAB 中三维图形命令都是由色图控制用色. 绘四维切片图时, 默认参数是"jet".

§1.4　图形文件的输入/输出

对于图形文件的输入和输出也是 MATLABA 系统所具有的基本功能.

1.4.1　图形文件的输出

图像文件输出操作在图形窗口进行. 如果图形窗口有图形, 可以执行如下操作:

(1)单击图形窗口左上方的菜单栏"File";

(2)选择下拉菜单中的"Export"命令(MATLAB 的高版本中选择"Save As"命令);

(3)在文件输出对话框中选择文件类型并给定文件名, 最后单击"确定"按钮.

【例 1.23】　数学函数

$$z = \frac{\sin\sqrt{x^2 + y^2}}{\sqrt{x^2 + y^2}} \qquad (-8 \leqslant x \leqslant 8, -8 \leqslant y \leqslant 8)$$

的图形被称为**巴拿马草帽**. 绘制该二元函数图形. 并输出为图片文件 hat.bmp.

分析: 为了避免分母为零, 将所有自变量离散数据加充分小正数 eps 程序如下

```
[x,y]= meshgrid(- 8:0.5:8);        % 创建网格点矩阵
r= sqrt(x.^2+ y.^2)+ eps;          % 计算网格点到原点距离
z= sin(r)./r;mesh(x,y,z)           % 计算二元函数值并绘图
```

```
colormap([1,0,0])       % 设置红色
axis off                % 去掉坐标架
```

程序运行后,图形窗口显示图形如图 1.22 所示.

在图形窗口单击窗口左上方的菜单栏"File",选择下拉菜单中的"Export"命令,如图 1.23 所示.

在对话框中选择文件类型"bmp"格式,将图形文件命名为 riman,保存在"我的文档"中,如图 1.24 所示.

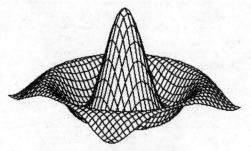

图 1.22　巴拿马草帽图形

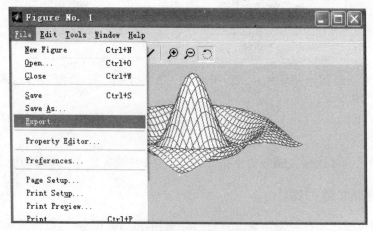

图 1.23　将巴拿马草帽输出为图形文件

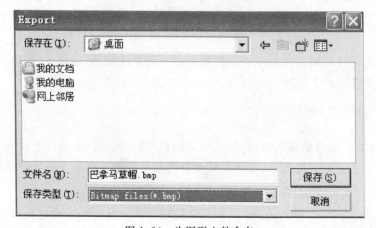

图 1.24　为图形文件命名

1.4.2　图形文件的输入

使用 MATLAB 时,不仅可以用绘图命令绘制图形,还可以直接从图形文件中读取图形并显示,并对数字图像进行处理.

读取图形文件命令 imread() 可以读取多种存储格式的图形图像文件,其返回值有两个:矩阵 X 和图形的色图 map. 对于一个已经读入 MATLAB 内存的图像文件,其矩阵变量名为 X,则可以用显示命令 image(X) 将图像显示.

【例 1.24】　在 MATLAB 图形窗口显示世界地图并制做地球仪.

首先将世界地图的图片文件 worldmap 复制到 D 盘,关闭所有的图形窗口. 在命令窗口直接进行操作

```
A= imread('D:\worldmap.jpg');          % 读入图片文件
figure(1),image(A)                     % 显示图片
[X,Y,Z]= sphere;
figure(2),warp(X,Y,Z,A);axis off       % 将图片投影到球面
```

两个图形窗口显示世界地图如图 1.25 和图 1.26 所示.

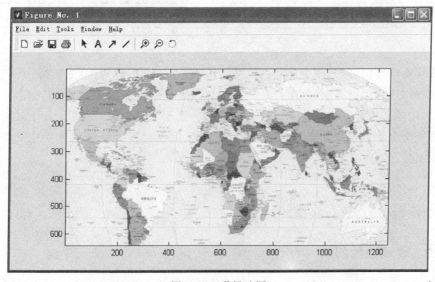

图 1.25　世界地图

注:(1)所有操作完成后,在命令窗口使用命令 whos 可以了解到矩阵 X 所占空间大小. 显示信息列表如表 1.14 所示.

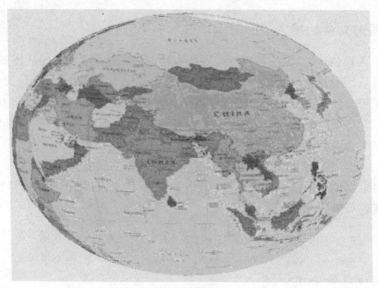

图 1.26　世界地图

表 1.14　图形文件装载后矩阵 X 的信息

Name	Size	Bytes	Class
A	$642 \times 1\,246 \times 3$	2 399 796	uint8 array

观察表中数据可知,该图形是由三维数组表示(三个矩阵).$642 \times 1\,246$ 代表图像数据文件中照片的像素(分辨率).

(2)图像文件最好用英文名.读取图像文件用 $A = \mathrm{imread}()$ 时注意命令后加分号";",否则命令窗口屏幕上会显示 **A** 的所有数据.读取时图像数据文件要把文件名放入单引号中.

§1.5　实 验 范 例

1.5.1　玫瑰线绘制

极坐标方程 $\rho = a\cos n\theta$ 或 $\rho = a\sin n\theta$ 的图形被称为**玫瑰线**,它们是由以原点为中心的玫瑰花瓣环线组成.用极坐标绘图命令 polar() 可实现快速绘图,几何图形表现出完美的对称性.

1.实验内容

将玫瑰线的极坐标方程转换为参数方程,用直角坐标系下的慧星绘制命令 comet()

绘制动态图形,观察玫瑰线产生过程.分析玫瑰线方程中参数 n,与玫瑰线图形中花瓣
(玫瑰线分支)数量的关系.

2. 实验目的

熟悉 MATLAB 命令窗口和图形窗口、掌握极坐标绘图命令以及极坐标转换为直
角坐标的方法,了解多叶玫瑰线生成的动态过程.

3. 实验原理

三叶玫瑰线的数学表达式以极坐标形式给出

$$\rho = a \cos 3\theta, \qquad \theta \in [0, 2\pi]$$

由于动态绘图命令需要曲线上点的 x 坐标和 y 坐标,需要将极坐标数据转换为直角
坐标数据,转换公式为

$$x = r \cos \theta, \qquad y = r \sin \theta, \qquad \theta \in [0, 2\pi]$$

以 ρ 代替公式中 r,便可以计算出平面直角坐标下的离散点数据.

4. 实验步骤和程序

用极坐标绘图命令 polar() 绘制三叶玫瑰图形,然后将极坐标数据转换为直角坐
标数据,并用慧星绘图命令 comet() 绘图,动态演示三叶玫瑰线的生成过程.

(1)计算 θ 在区间 $[0, 2\pi]$ 内的一组离散点数据;

(2)根据 θ 的离散点数据用极坐标方程计算出 r 的离散数据;

(3)根据 θ 和 r 的离散点数据分别计算出 x 坐标和 y 坐标数据;

(4)利用 x 和 y 坐标数据绘三叶玫瑰线的动态曲线.

MATLAB 程序如下:

```
theta= 0:0.001:2* pi;          % 创建区间[0,2π]上离散点
n= 3;                          % 设置三叶玫瑰线参数
r= cos(n* theta);              % 计算玫瑰线坐标数据
figure(1)                      % 创建第一个图形窗口
polar(theta,r,'k')             % 极坐标绘图
x= r.* cos(theta);             % 直角坐标转换
y= r.* sin(theta);
figure(2)                      % 创建第二个图形窗口
comet(x,y)                     % 用慧星绘图做动态模拟
```

5. 数据结果及分析

程序运行后,出现两个图形窗口.第一个显示极坐标绘出的三叶玫瑰线,第二个窗
口显示直角坐标绘出的三叶玫瑰线,如图 1.27 和图 1.28 所示.

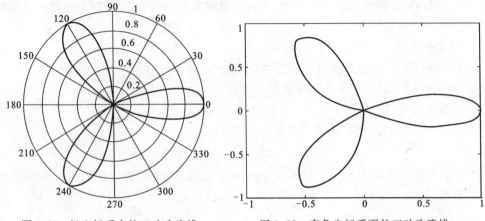

图1.27　极坐标系中的三叶玫瑰线　　　　图1.28　直角坐标系下的三叶玫瑰线

极坐标绘图命令绘出的图形能清楚显示曲线随极半径和极角变化,三叶玫瑰线第一支对称轴的所在位置为零度,第二支的对称轴所在位置为120°,第三支的对称轴所在位置为240°.

6. 实验结论和注记

慧星绘图命令具有动态演示功能,通过观察三叶玫瑰线的动态生成过程,知极角由0°变化为360°时,“慧星”在三叶玫瑰线的轨道上运行了两个周期.所谓的三叶玫瑰线方程中的自变量实际上只须在区间[0,π]内变化就可以创建三叶玫瑰图形.

注:(1)可以用符号计算方法绘三叶玫瑰线图形,MATLAB命令如下:

```
syms t
r= cos(3* t);
x= r* cos(t);
y= r* sin(t);
ezplot(x,y,[0,2* pi])
```

如果将三叶玫瑰线极坐标方程中的3改为2,即 $r = a\cos 2\theta$,则可以绘出四叶玫瑰线.如果用方程 $r = a\cos 4\theta$,则可绘出八叶玫瑰线.

(2)使用实验中的方法可以绘星形线: $x = \cos^3 t$,$y = \sin^3 t$ 和心脏线: $\rho = 1 - \cos\theta$.

1.5.2　抛射曲线绘制

抛射体在初速度作用下,由确定的发射角产生空间运动轨迹,形成抛射曲线.在现实世界中,投篮问题、掷标枪问题等,都将引出抛射曲线问题.当初始速度为常数时,可以调整发射角使抛射体到达预定的目标.

1. 实验内容

当抛射体的发射点和落点在同一水平线上时,抛射曲线的参数方程为

$$\begin{cases} x = v_0 t\cos\alpha \\ y = v_0 t\sin\alpha - \dfrac{1}{2}gt^2 \end{cases},$$

其中,α 是发射角,g 是重力加速度(9.8m/s^2). 取初速度 $v_0 = 100\text{m/s}$,计算发射角在区间 $[0, \pi/2]$ 内取 n 个均匀数据时,对应的抛射体轨迹数据,并绘制对应的抛射曲线族. 计算出最远射程.

2. 实验目的

掌握 MATLAB 矩阵运算和数学表达式计算方法. 了解抛射曲线绘制原理和曲线簇的数据计算和绘图方法.

3. 实验原理

抛射体初始速度向量为

$$v = (v_0\cos\alpha, v_0\sin\alpha).$$

发射点到落点的距离是射程,初始速度不变时落点仅与发射角有关. 令参数方程中 y 的表达式为零,即

$$v_0 t\sin\alpha - \frac{1}{2}gt^2 = 0,$$

解之,得

$$T(\alpha) = \frac{2v_0\sin\alpha}{g}.$$

这就是对应于发射角 α 的飞行时间计算公式. 对一条给定发射角的抛射曲线,只需根据飞行时间 $T(\alpha)$ 确定一系列的飞行时刻,将飞行时刻数据代入抛射曲线参数方程计算出航线的离散点坐标数据,应用 plot() 命令就可以绘制曲线.

将飞行时间 $T(\alpha)$ 的表达式代入抛射曲线参数方程,得射程计算公式

$$x_1 = \frac{v_0^2}{g} \times 2\sin\alpha\cos\alpha = \frac{v_0^2}{g}\sin 2\alpha,$$

显然,当发射角 $\alpha = \dfrac{\pi}{4}$ 时,对应的抛射曲线射程最远. 由此得射程计算公式

$$X_{\max} = v_0^2/g.$$

4. 实验步骤和程序

绘制曲线簇比绘制一条曲线在操作上更复杂,n 条曲线需计算 n 组离散点坐标,高级绘图方式是用 plot(X,Y) 绘制曲线簇图,其中 X 和 Y 是两个矩阵 $\boldsymbol{X}$、$\boldsymbol{Y}$,各列代表不同的曲线的坐标. 为了达到这一目标,X 的 n 个列向量和 $\boldsymbol{Y}$ 的 n 个列向量分别存放 n 个发射角的航线的横坐标和纵坐标数据. 由于 n 个发射角确定 n 个飞行时间和 n 个初

速度向量. 由飞行时间确定飞行过程中飞行时刻,将其存放在矩阵 T 的每一个列向量中,同时计算出 n 个不同发射角的初速度存放在两个对角矩阵中. 注意对角矩阵右乘矩阵 T 将会把对角元分别乘到 T 的各列中,所以由 T 和初速度矩阵可计算出 X 和 Y.

编写程序 MATLAB 程序如下(文件名:throw.m)

```
alpha= linspace(0,pi/2,20);        % 创建 20 个发射角数据
v0= 100;g= 9.8;
Taim= 2* v0* sin(alpha)/g          % 计算对应的飞行时间
T= (0:16)'* Taim/16;               % 飞行时间离散化为矩阵 T
X= v0* T* diag(cos(alpha));        % 对角矩阵右乘矩阵 T
Y= v0* T* diag(sin(alpha))- g* T.^2/2;
plot(X,Y,'r')
Xmax= v0* v0/g
```

5. 实验结果及分析

运行 MATLAB 程序 throw,图形窗口将绘出曲线簇的图形(见图 1.29),

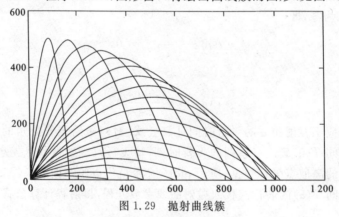

图 1.29　抛射曲线簇

以及初速度为 $v_0 = 100$ m/s 时的最远射程数据

```
Xmax=
    1.020 4e+ 003
```

即最远射程为 1 020.4m.

另外可以利用公式:$T(\alpha) = \dfrac{2v_0 \sin \alpha}{g}$ 计算出最远射程的飞行时间为 $T = 14.430\ 8$ s.

6. 实验结论和注记

对曲线簇图形观察,可以发现,每一个射程可以有两条曲线. 分析射程计算公式

$$X(\alpha) = \frac{v_0^2}{g} \sin 2\alpha$$

可知,当 $0 \langle \alpha \langle \pi$ 时,$\sin\left[2\left(\frac{\pi}{2} - \alpha\right)\right] = \sin(2\alpha)$. 所以发射角为 $\left(\frac{\pi}{2} - \alpha\right)$ 的射程与发射角为 α 的射程相等.

注：飞行时间、射程和发射角都是与弹道有关的参数,有如下计算公式：

$$T(\alpha) = \frac{2v_0 \sin \alpha}{g} ; \quad X(\alpha) = \frac{v_0^2}{g} \sin 2\alpha ; \quad \alpha = \frac{1}{2}\arcsin(gx_1/v_0^2) .$$

所以已知发射角 α 可计算飞行时间 $T(\alpha)$ 和射程 $X(\alpha)$. 反之,如果已知目标的距离 x_1 可计算发射角 α.

1.5.3　黎曼曲面绘制

定义在复数域上的复值函数 $f(z)$ 称为**复变函数**. 数学家欧拉对复数理论进行了系统叙述,复变函数理论的形成,是 19 世纪由法国数学家柯西、德国数学家黎曼等人绘出的.

1. 实验内容

自变量 $z = x + \mathrm{i}y$ 在复平面的单位圆内取值,其模 $|z| = \sqrt{x^2 + y^2} \leqslant 1$,绘制复变函数 $f(z) = \sqrt{z}$ 的黎曼曲面.

2. 实验目的

熟悉 MATLAB 命令窗口和图形窗口、掌握复数的实部提取和虚部提取方法,了解黎曼曲面的概念.

3. 实验原理

自变量表示为：$z = r\exp(\mathrm{i}\theta)$,实部和虚部分别为：$x = \mathrm{Re}\,z, y = \mathrm{Im}\,z$. 函数为 $f(z) = \sqrt{r}\exp(\mathrm{i}\theta/2)$,实部和虚部分别为 $u = \mathrm{Re}f(z), v = \mathrm{Im}\,f(z)$. 二元函数 $u = u(x,y), v = v(x,y)$ 的图形即为黎曼曲面.

4. 实验步骤和程序

创建圆域内的规则网格点,并确定自变量矩阵,利用自变量矩阵计算函数值. 分离出自变量的实部和虚部,利用函数值的实部和虚部分别绘图. 程序如下：

```
s= linspace(0,1,30);              % 设置径向数据
t= linspace(0,4* pi,60);          % 设置方位数据
[r,theta]= meshgrid(s,t);         % 创建网格点
z= r.* exp(i* theta);             % 设置复数自变量
f= sqrt(r).* exp(i* theta/2);     % 计算复变函数值
```

```
x= real(z);y= imag(z);                    % 分离实部和虚部
figure(1),mesh(x,y,real(f)),axis off
figure(2),mesh(x,y,imag(f)),axis off
```

6. 数据结果及分析(见图 1.30 和图 1.31)

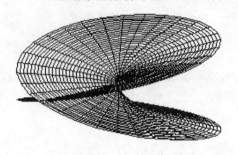
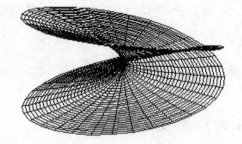

图 1.30　实部函数曲面　　　　　　　　图 1.31　虚部函数曲面

实部曲面和虚部曲面图形具有对称性,黎曼曲面反映出复变函数的多值性.

7. 实验结论和注记

黎曼曲面反映出幂函数的复变函数对应实部和虚部分别是二元多值函数.类似函数还有对数函数.对数函数 $f(z) = \ln z$ 的实部和虚部对应的黎曼曲面如图 1.32 和图 1.33 所示.

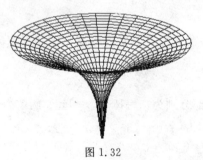
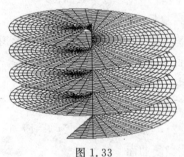

图 1.32　　　　　　　　　　　　　　图 1.33

§1.6　实　验　课　题

1.6.1　马鞍面绘制

马鞍面是一类特殊的曲面,曲面上的平衡点称为**鞍点**.

1. 实验内容

绘制马鞍面两种不同数学函数的曲面,分析图形差异.绘制马鞍面的等高线以及圆域上的马鞍面,并分析图形.

2. 实验目的

熟悉 MATLAB 三维曲面绘图命令 mesh() 以及等高线绘图命令,了解多个图形窗口操作方法、掌握矩形区域上二元函数图形绘制方法和圆域上二元函数图形绘制方法. 研究马鞍面的数学表达式.

3. 实验原理

马鞍面的数学方程式为: $z=x^2-y^2$　$(x,y)\in D$. 当函数定义域 D 是矩形区域时,通过以下三步绘图:

(1) 使用命令 meshgrid() 生成自变量的网格点;

(2) 根据二元函数表达式计算网格点处的函数值;

(3) 利用 MATLAB 绘曲面命令 mesh() 绘图.

当函数定义域是圆域时,先创建圆域上网格点,然后通过极坐标变换将其转换为直角坐标绘图. 马鞍面的数学方程的另一种形式是

$$z=xy\quad(x,y)\in D.$$

4. 实验步骤和程序

5. 实验结果及分析

6. 实验结论

1.6.2　宝石切割问题的数学模型

从宝贵石料上切割宝石满足消费需要,如何确定切割操作方案使切割费用最低.

1. 实验内容

有一块(长×宽×高)尺寸为 $19 \times 14 \times 12 (cm^3)$ 的长方体石料,要切割的精品是尺寸为 $5 \times 4 \times 2 (cm^3)$ 的小长方体. 精品位于石料内部,其左侧面、前面、底面与石料平行距离分别为 $6cm$、$7cm$、$9cm$. 为了减少旋转刀具的次数,要求同向切割连续两次后再旋转刀具. 试确定切割的工作流程,使切割的总面积最小.

2. 实验目的

了解数学建模的基本方法,熟悉 MATLAB 的操作环境,掌握 MATLAB 矩阵操作和数据处理的常规技术,寻找宝石切割的最佳方案.

3. 实验原理

石料长、宽、高用 a_1, a_2, a_3 表示;精品长、宽、高用 b_1, b_2, b_3 表示. 操作方案共有六种,需要从中选取最好方案. 第一种操作方案的三次切割面积分别为

$$2(a_2 \times a_3) \text{、} 2(b_1 \times a_3) \text{、} 2(b_1 \times b_2)$$

类似可计算另外五种操作方案的切割面积. 从中找出最小的数据及对应的索引值,利用索引值提取出对应的操作编码,便可以写出最好操作方案.

4. 实验步骤和程序

5. 实验结果及分析

6. 实验结论和注记

思考与复习题一

1. MATLAB 的命令窗口和程序编辑窗口在功能上有何不同?

第 2 章　MATLAB 程序设计

科学和工程计算问题的求解需要高效计算机程序,程序的主要功能是接收数据和处理数据,并将处理后的数据完整有效地提供给用户.程序设计是目标明确的智力活动,是包括设计、编写、调试的一个过程.程序设计过程将解题步骤具体化为 MAT-LAB 可执行语句(即程序代码).MATLAB 系统支持向量和矩阵计算,可用简短程序代码实现数据处理.本章主要介绍 MATLAB 基于向量运算的编程方法,其特点是直接处理包括向量和矩阵在内的数据块.MATLAB 的程序从文件格式上分类有程序文件和函数文件两类.

§2.1　MATLAB 的程序文件

程序文件的执行方式是批处理.这种方式从程序文件中第一行开始,顺序执行各行语句,直到最后一行执行完毕.如果程序中某一语句有错,将输出出错信息,并中断程序执行.MATLAB 的程序语句是表达式语句,它的表达式和数学表达式的格式几乎一样.

2.1.1　变量和表达式

MATLAB 中的变量不需要做特殊声明,当数据(或数据块)赋值给某个英文字母时,这个英文字母作为变量名就已经被定义了.将数据赋值给一个变量名被称为简单赋值语句,更一般的赋值语句是利用一个表达式将数据计算结果赋值给变量名.

【例 2.1】　设地球模型为半径为 $R=6\,400(\text{km})$ 的球体,赤道上方高度为 $d(\text{km})$ 的地球同步卫星发射的信号对地球的覆盖面积计算公式为

$$S=2\pi R^2\,\frac{d}{R+d},$$

分别取卫星高度 $d=10\,000,11\,000,12\,000,13\,000,14\,000,15\,000(\text{km})$ 计算卫星信号对地球的覆盖率.

分析:在这一问题中,卫星高度是变量,五个数据可以用一个变量名赋值,地球半径要赋值,圆周率用 pi 调用.利用公式 $S_0=4\pi r^2$ 可计算出地球面积的近似值.卫星覆

盖面积与地球面积的比值就是覆盖率. MATLAB 程序如下(文件名:planet)

```
R= 6400;
S0= 4* pi* R* R;              % 计算地球表面积
d= 10000:1000:15000;         % 创建高度数据向量
S= 2* pi* R* R* d./(R+ d);   % 直接计算覆盖面向量
S./S0* 100                   % 计算覆盖面与地球表面积比值
```

在命令窗口运行程序文件 planet,将显示卫星覆盖率的计算数据(见表 2.1).

表 2.1　卫星高度与卫星信号覆盖率

d(km)	10 000	11 000	12 000	13 000	14 000	15 000
覆盖率(%)	30.487 8	31.609 2	32.608 7	33.505 2	34.313 7	35.046 7

注:计算地球面积和卫星覆盖面积都应用了表达式,在使用表达式之前,要对表达式中的变量赋值. 变量名赋值语句的主要功能是实现数据处理. 倒数第二行用到点除运算,在结束时没有用分号,是为了将计算结果显示. 表中数据说明,卫星高度越高覆盖率越大.

1. 变量和变量类型

变量名是在使用过程中被自动定义的,为了避免犯错误,需要了解变量命名的规则. MATLAB 是一种高级程序设计语言,变量命名应遵循如下规则:

(1)变量名的第一个字符必须是英文字母,最多可包括 31 个字符;

(2)变量名可由英文字母、数字和下画线混合组成;

(3)变量名中不能包括空格和标点;

(4)变量名包括函数名对字母大小写敏感,即 MATLAB 区别字母的大小写;

(5)变量名不能用 MATLAB 中预设的保留字.

将变量按功能分类可分为局部变量、全局变量和永久变量三类. **局部变量**在函数文件中出现,只限于函数体内部使用,不能从其他函数和 MATLAB 工作空间访问这些变量. 局部变量的最大特点是:当函数程序运行结束后,函数所用的局部变量都将被自动删除(只有函数的输出变量及其数据还存在). 如果要使某个变量在几个函数及 MATLAB 函数中都能使用,就需要定义为全局变量.

永久变量是 MATLAB 的一部分保留字,也称为**预定义变量**,如表 2.2 所示. 当 MATLAB 启动时,系统自动定义了几个有限的变量名,驻留在内存中,它们不会被命令 clear 清除. who 命令看不到永久变量. 用户在编写程序时,尽可能不对永久变量赋值.

表 2.2　MATLAB 永久变量列表

永久变量名	含　义	永久变量名	含　义
ans	计算结果的缺省变量名	flops	浮点运算次数
cputime	MATLAB 使用 cpu 时间	nan	非数
nargin	函数输入变量个数	nargout	函数输出变量个数

　　在程序设计中还常使用字符串变量,创建字符串变量的常用方法是单引号设定法.单引号设定法具体操作为,将英文字或汉字放于单引号内,并赋给某一变量.例如将字符串 Newton 赋值给变量 name,使用如下命令实现.

```
name= 'Newton'
```

　　使用字符串合并函数 strcat()可以产生新的字符串.常用字符串函数如表 2.3 所示.

表 2.3　常用字符串函数表

函数名	功能和含义	函数名	功能和含义
int2str	整数变为字符串	Strcat	将字符串水平连接
str2num	将字符串变为数字	Abs	求字符串的 ASCII 码值
Upper	转换字符串为大写	Lower	转换字符串为小写
Strcmp	比较字符串	Strcmpi	忽略大小写比较字符串
Strmatch	查找匹配的字符串	Strrep	替换字符串

　　【例 2.2】　生肖由十二个动物组成(见表 2.4),用于表示中国年的名称或是人的出生年.利用字符串数组设计程序,要求输入年份,输出该年份所属的十二生肖之一.

表 2.4　生肖十二个动物编号

序号	1	2	3	4	5	6	7	8	9	10	11	12
名称	鼠	牛	虎	兔	龙	蛇	马	羊	猴	鸡	狗	猪

　　分析:对于给定的年份(如 2012),用年份数据除以 12 的余数还不一能与生肖列表中的动物编号一致.首先做简单试算:2012 年为龙年,2012 除以 12 的余数为 8,十二动物排序中第 8 位是"羊"而不是"龙",龙年位于生肖中第 5.应该将十二动物的排序做轮回排序处理,注意到年份关于 12 的余数可能是 0,将余数加 1 做为轮回排序后的定位依据,使龙位于第 9,就可以准确定位.

　　　　猴、鸡、狗、猪、鼠、牛、虎、兔、龙、蛇、马、羊

在 MATLAB 的程序编写窗口输入下面程序段：

```
year= input('input year:= ');
animals= '猴鸡狗猪鼠牛虎兔龙蛇马羊';        % 创建字符串数组
k= mod(year,12)+ 1;                      % 求年份除 12 的余数
s= animals(k);                           % 准确定位
answer= strcat(int2str(year),'年是',s,'年')
```

将程序保存命名为 animal. 回到命令窗口,键入文件名并按【Enter】键,在提示符"input year:="后输入年份,再次按【Enter】键便可得出计算结果,如输入 2012,屏幕显示：

answer＝2008 年是龙年

注:程序中 animals 是字符串数组,mod 是求余数函数.

2. MATLAB 的表达式

MATLAB 采用的是表达式语言,用户在命令窗口输入的命令或者在程序文件中编写的语句,MATLAB 将对其进行处理,处理后返回运算结果. MATLAB 的语句由表达式和变量组成.下面是两种常见的表达式语句形式：

(1)表达式；

(2)变量名＝表达式.

第一种形式中,表达式运算后产生的结果将被自动赋值给系统的预定义变量 ans. 但是在以后的运算中 ans 存放的数据可能会被覆盖掉.所以最常用的是第二种形式.

MATLAB 的表达式由变量名、运算符、数字和函数名组合而成.但应注意：

(1)表达式按常规的优先级(指数、乘除、加减)从左到右执行运算；

(2)括号可以改变运算顺序；

(3)赋值符"＝"和运算符号两侧允许有空格；

(4)表达式的末尾可加上分号";"使系统不显示运算结果.

【例 2.3】 格林威治天文台建于 1675 年,在地球上位于零度经线上,其纬度为北纬 51°. 试用 sphere()绘出模拟地球,并利用球坐标变换公式

$$x = \cos\theta\cos\varphi$$
$$y = \cos\theta\sin\varphi$$
$$z = \sin\theta$$

计算格林威治天文台所在经线和纬线数据,在球面上绘出通过天文台的经纬线.

分析:经纬度数据($\varphi=0,\theta=51$)需转换为弧度制再用于计算,经纬线取其中之一计算出坐标数据,如图 2.1 所示.先绘出球面,然后补充绘出两条空间曲线.

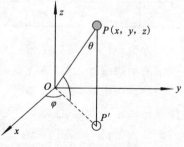

图 2.1　地心坐标系

编写程序(文件名:London):

```
theta= 51* pi/180;          % 纬度转换为弧度
fai= 0* pi/180;             % 经度转换为弧度
t1= linspace(- pi/2,pi/2,30);
t2= linspace(- pi,pi,60);
x1= cos(t1)* cos(fai);
y1= cos(t1)* sin(fai);
z1= sin(t1);
x2= cos(theta)* cos(t2);
y2= cos(theta)* sin(t2);
z2= sin(theta)* ones(1,60);
[X,Y,Z]= sphere(24);
mesh(X,Y,Z),hold on
colormap([0,0,1])
plot3(x1,y1,z1,'r',x2,y2,z2,'r','')
```

运行程序文件 London,图形窗口将显示图 2.2 所示图形.

　　注:sphere(24)是 MATLAB 的高级命令,使用方法有两种.第一种是直接用命令绘出带有色彩的球面,第二种是利用该命令获取球面坐标数据.本例采用第二种使用方法,与 shpere()类似的高级命令还绘柱面命令 cylinder().

　　【例 2.4】 利用双纽线方程产生数据,将其扩充为矩阵并绘飞机机翼仿真图.

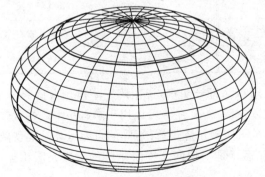

图 2.2　过天文台的经纬线

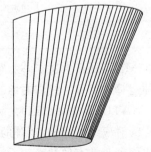

图 2.3　机翼仿真图

双纽线极坐标方程为:$\rho^2 = a^2\cos 2\theta$,当 $\theta \in [-\pi/4,\pi/4]$ 时,产生曲线的右半部分.
取 $a=1$,创建曲线坐标数据,绘飞机机翼仿真图形程序如下(文件名:mycylind. m):

```
t= linspace(- pi/4,pi/4,50);          % 设置 50 个点
```

```
ro= sqrt(cos(2* t));                    % 计算双纽线坐标
x= ro.* cos(t);y= ro.* sin(t);          % 直角坐标转换
X= [0.6;1]* x;Y= [0.6;1]* y;            % X,Y 坐标扩充矩阵
Z= [0;1]* ones(1,50);                   % Z 坐标矩阵
mesh(X,Y,Z),hold on
colormap([0 0 0])                       % 设置黑色
view(17,- 12),axis off
fill3(0.6* x,0.6* y,zeros(1,50),'c')    % 底面填充
```

2.1.2　MATLAB 的运算符

MATLAB 中的运算符按功能划分有三类,即算术运算符、逻辑运算符和关系运算符.

1. 算术运算符

算术运算符的主要功能是实现对数据的四则运算,MATLAB 以矩阵作为基本数据单元,增加了普通计算机语言不具有的数组运算(即点乘、点除、点方幂).常用的算术运算符如表 2.5 所示.

表 2.5　MATLAB 算术运算符列表

符　号	名　称	功　能	符　号	名　称	功　能
+	加	矩阵加	^	方幂	矩阵方幂
-	减	矩阵减	.^	点方幂	矩阵元素方幂
*	乘	矩阵乘	.*	点乘	矩阵元素乘
/	右除	逆矩阵右乘	./	点除	矩阵元素右除
\	左除	逆矩阵左乘	.\	点左除	矩阵元素左除

在 MATLAB 中逆矩阵右乘可用右除符号实现,逆矩阵左乘可用左除符号实现,这两种运算被简称为**矩阵右除**和**矩阵左除**.矩阵左除可以用于求解小型线性代数方程组,在 MATLAB 中加、减、乘、除符号可实现矩阵运算.矩阵的点乘运算是实现两个同阶矩阵的对应元素相乘,矩阵的点除运算是实现两个同阶矩阵的对应元素相除,用于数据块处理非常方便和高效.

2. 关系运算符与逻辑运算符

数学实验的一个重要手段是对所研究的对象做量化,而世界上量和量之间不等的情况普遍存在.对于数量不等的情况,大于和小于关系可以通过关系运算得出判断.

【例 2.5】　由无理数 e 和 π 通过指数运算后产生 e^{π} 和 π^{e},用 MATLAB 的关系运

算符判断这两个数中哪一个更大些?

分析:由于无理数 e 在 MATLAB 中不是系统定义的常数,需调用指数函数 exp(1) 实现.假设 $e^\pi < \pi^e$,如果 MATLAB 判断为对,将输出"1",说明假设成立;反之,判断为错,将输出"0",说明假设不成立.

在命令窗口使用如下命令

```
E= exp(1);E^pi<pi^E
```

MATLAB 系统将很快显示如下信息

```
ans= 0
```

输出变量为 ans,它此时的逻辑变量取值为"0".说明关系式 $e^\pi < \pi^e$ 不成立,由此可知,$e^\pi > \pi^e$.

注:两个算术表达式做关系运算形成关系表达式,其运算结果是逻辑值.关系表达式的结果要么是真要么是假,分别用"1"和"0"表示.这种判断常用于程序流的控制中,使一个程序丰富多彩.

逻辑运算是指由逻辑变量形成表达式的运算,常用逻辑运算有三种,即"逻辑与"、"逻辑或"以及"逻辑非".对应于数学中集合三种运算"交"、"并"以及"补".逻辑运算符经常与关系运算符配合使用,形成逻辑表达式.常用的关系运算符和逻辑运算符如表 2.6 所示.

表 2.6　MATLAB 关系运算符和逻辑运算符列表

符　号	名　称	功　能	符　号	名　称	功　能
==	双等	相等	~=	不等	不等于
<	小于	小于	&	与	逻辑与
<=	小于等于	不大于	|	竖杠	逻辑或
>	大于	大于	~	波号	逻辑非
>=	大于等于	不小于			

3. 运算的优先级别

MATLAB 最大的优势在于对数据块进行操作处理,但解决实际问题时不可避免要对单个数据进行处理.表达式由变量、数据、函数以及运算符组合而成,MATLAB 的内部函数是专家级别的程序,只需掌握使用格式就可以直接调用,优先级别最高.除此之外的三类运算的优先级别总体是按"算术运算→关系运算→逻辑运算"次序操作,具体次序如下:

(1)圆括号()；

(2)方幂^；

(3)数据加、减,逻辑非；

(4)矩阵点乘、点除、矩阵乘、矩阵右除、矩阵左除；

(5)矩阵加、矩阵减；

(6)小于、小于等于、大于、大于等于、相等、不等；

(7)与、或

一个表达式中如果有圆括号,则圆括号内的运算优先.

2.1.3 程序文件

在 MATLAB 中,使用文件操作方式比命令操作方式的效率要高很多. 程序文件的形成是将在 MATLAB 命令窗口中可以执行的命令或表达式语句按次序集中录入一个文本中,录入的过程也是程序设计的过程. 录入完成后保存为一个有名字的文件,**称为程序文件或命令文件**. 程序运行时,MATLAB 按文件中命令和语句的先后次序,逐条解释并执行,这种批量形式处理多条命令方式也称为批处理.

MATLAB 的编程操作方式工作分两步进行:第一步是在编辑窗口编写程序文件,第二步是运行程序文件. 一个优秀的 MATLAB 程序往往经过多次修改和测试,要在命令窗口和编辑窗口多次切换.

【例 2.6】 考虑西安、成都等八大城市间建设城际轻轨铁路. 表 2.7 列出了各城市经纬度数据.

表 2.7 八大城市的经纬度数据

城市	西安	成都	兰州	银川	太原	郑州	武汉	长沙
纬度	N34	N30	N36	N38	N37	N34	N30	N28
经度	E108	E104	E103	E106	E112	E113	E114	E113

表中符号 N 代表北纬,E 代表东经. 设计数学实验程序根据表中经纬度数据计算出各城市之间的最短路线,为人们出行提供参考.

分析:如果将地球模型取为半径 $R=6\,400(\mathrm{km})$ 的球体,则由两城市的经纬度数据可计算出地心直角坐标系的三维坐标数据

$$P_1(x_1,y_1,z_1), \qquad P_2(x_2,y_2,z_2)$$

从而计算出向径之间的角度

$$\alpha = \arccos\left(\frac{x_1x_2 + y_1y_2 + z_1z_2}{R^2}\right)$$

最后利用球面上两点的短程线计算公式:$L=R\times\alpha$ 即可以计算出两城市间的距离. 这一问题的计算步骤如下:

(1)输入经纬度数据和地球半径;

(2)转换两城市的经纬度为地心直角坐标数据;

(3)提取两个点的向径坐标;

(4)计算向径间的夹角和短程线长度并输出计算结果.

设计程序如下(文件名:distance):

```
city= [34,108;30,104;36,103;38,106;37,112;34,113;30,114;28,113];
R= 6400;
theta= city(:,1)* pi/180;
fai= city(:,2)* pi/180;        % 提取纬度数据和经度数据
x= R* cos(theta).* cos(fai);
y= R* cos(theta).* sin(fai);
z= R* sin(theta);
op= [x,y,z];
A= R* acos(op* op'/R^2)        % 计算距离矩阵
Dist= tril(A);
```

在命令窗口运行程序 distance,屏幕将显示距离矩阵. 将矩阵中数据列表如表 2.8 所示.

表 2.8　八大城市距离列表

	西安	成都	兰州	银川	太原	郑州	武汉
成都	585.72	.					
兰州	509.04	676.71					
银川	481.94	912.53	348.58				
太原	494.48	107 9.25	815.49	543.21			
郑州	462.98	961.99	941.40	774.08	347.22		
武汉	722.71	967.05	122 7.97	115 9.73	803.73	456.73	
长沙	823.34	906.91	130 0.79	129 4.26	100 9.69	670.21	243.83

注:程序中经纬度转换是对多个城市同时进行的,乘法运算所用点乘符号. 最后一行是为了显示对称矩阵的左下部分元素. 如果轻轨列车以 240 km/h 时速运行,可根据表 2.8 中数据算出另一运行时间矩阵.

程序文件的保存和使用注意事项如下:

(1)程序文件最好保存在当前工作目录下,MATLAB 的默认工作目录是 work;

(2)程序文件名由用户自己定义,必须用英文字母开始,绝不可以用数字命名;

(3)每修改一次用户程序,必须保存后再重新运行;

(4)运行程序的方式是在命令窗口键入程序名(不带后缀).

§2.2 MATLAB 的程序结构

算法的结构被分为顺序结构、分支结构和循环结构,很多解决复杂问题的优秀程序总要使用分支结构和循环结构算法.在综合应用几种结构算法时需要流程控制,包括:条件控制、循环控制、错误控制和终止运行控制等.

2.2.1 条件控制

条件控制的主要目的是使计算机有选择地运行程序块,实现分支结构的算法.常用的语句有 if 语句和 switch 语句.

1. if 语句

if 语句被称为是条件语句,常用格式有三种.第一种是 if - end 格式,格式如下:

```
if    〈条件〉
        语句块
end
```

程序运行时,若条件满足则执行语句块,不满足则跳过这一段.格式中作为条件的表达式不能缺省.

第二种是 if-else-end 格式,其格式如下:

```
if    〈条件〉
        语句块 1
else
        语句块 2
end
```

程序运行时,条件满足则执行语句块 1,不满足则执行语句块 2.

第三种是 if - elseif - else - end 格式,需要多个条件判别时必须用多分支算法.

【例 2.7】 闰年判断程序设计.为了修正天文历法中的偏差,产生了闰年概念.通常一年按 365 天计(二月 28 天),历书要求每 400 年中有 97 个闰年,闰年按 366 天计(二月 29 天).编写程序实现如下功能,对任意输入的年份四位数,判断当年是否是闰年,并根据判断结论输出字符串"是闰年"或者"不是闰年".

　　分析:历书对闰年的规定并不是四年一闰,如果用"年份能被 4 整除"作为判闰年条件,将会出现 400 年有 100 年是闰年的错误.判闰年程序所用的条件为:能被 4 整除,但不能被 100 整除;或者能被 4 整除,又能被 400 整除.满足两个条件中的任何一个都可以判断为闰年,两个条件都不满足则不是闰年.这样与历书的 400 年中 97 年为闰年一致.

　　设计 MATLAB 程序如下(文件名:calendar)

```
year= input('input year:= ');
n1= year/4;
n2= year/100;
n3= year/400;
if n1= = fix(n1)&n2~ = fix(n2)        % 第一条件成立否
     disp('是闰年')
elseif n1= = fix(n1)&n3= = fix(n3)    % 第二条件成立否
          disp('是闰年')
else
          disp('不是闰年')
end
```

　　在命令窗口中运行程序 calendar,系统首先显示的信息是"input year:=",并等待用户输入年份,例如输入 2008 并按【Enter】键,屏幕将显示"是闰年".这说明 2008 年 2 月有 29 天.

　　注:程序第一行语句是键盘输入语句,该语句的功能是程序运行开始时显示单引号内的字符,并等待用户输入数据,如果输入正确则以输入数据赋值给年份变量 year,并依次执行下面各条语句.年份分别除以 4、100、400 可能得到整数,函数 fix()是取整函数,如果 n_1 是整数则取整就等于它自己,此时双等号关系表达式 n1= =fix(n1)得逻辑值为"1".更灵活的程序设计方法是将两个逻辑表达式的值赋给两个逻辑变量,当两个逻辑变量的值至少有一个取值为"真"时,程序输出字符串"是闰年";当两个逻辑变量的取值均为"不真"时,程序输出字符串"不是闰年".

2.2.2　循环控制

　　使用循环控制语句实现循环算法,重复执行某一段程序.常用的有 for 循环语句和 while 循环语句两种,前一种规定循环次数用数控制循环,后一种由条件控制循环.

1. for 循环语句

　　语句通过规定循环变量的初值、终值以及步长控制循环次数.从循环初值开始,重

复执行某些操作,每重复一次则循环变量按步长自动递增一次,当达到循环终值时就结束循环.具体格式为:

for⟨循环变量⟩=⟨初值⟩:[步长:]⟨终值⟩
　　　　循环体
end

for循环语句中,当初值小于终值时,步长为正数;当初值大于终值时,步长应为负数.当步长被省略时,MATLAB默认值为1.

【例2.8】 著名的裴波那契(fibonacci)数列的初值为$f_1=1$,$f_2=1$,通项由递推公式
$$f_n=f_{n-1}+f_{n-2} \quad (n=3,4,\cdots)$$
计算.试利用递推公式计算出裴波那契数列各项的数据,直到f_{10}.

设计MATLAB程序如下(文件名:Fibo)

```
f(1)= 1;f(2)= 1;
for n= 3:10
    f(n)= f(n- 1)+ f(n- 2);
end
f
```

在命令窗口运行程序Fibo,屏幕将显示

ans=

1	1	2	3	5	8	13	21	34	55

注:数学教材中裴波那契数列从第0项开始,但MATLAB数组的下标只允许从1开始,所以例题2.8采用了第一项和第二项均为1的初值.如果只需要数列的第n项数据,则程序最后一行应该改为f(n).

【例2.9】 将一个二维向量进行旋转操作可以利用二阶正交矩阵

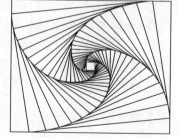

$$A=\begin{pmatrix} \cos\theta & -\sin\theta \\ \sin\theta & \cos\theta \end{pmatrix}$$

实现.设计程序实现如下功能:把一个边长为2以原点为中心的正方形旋转$\pi/24$,并将其做压缩(压缩比$r=0.89$),重复操作24次形成图2.4所示的图形.

图2.4　正方形旋转图

分析:以原点为起点连接正方形四个顶点形成四个长度相等的向量,对四个向量做旋转操作后不改变向量长度和起点,只改变向量终点.将每个向量乘以压缩比,再用线段连接四个顶点就形成新的正方形.重复24次的操作用for循环语句实现.

```
xy= [- 1 - 1;1 - 1;1 1;- 1 1;- 1 - 1];
A= [cos(pi/24)- sin(pi/24);          % 创建正交矩阵
sin(pi/24)cos(pi/24)];
x= xy(:,1);y= xy(:,2);               % 提取坐标数据
axis off
line(x,y),pause(1)                   % 画线并暂停一秒
for k= 1:24
xy= .89* xy* A';                     % 旋转并压缩
x= xy(:,1);y= xy(:,2);
line(x,y),pause(1)
end
```

注：程序采用矩阵表示四边形，矩阵每一行记录一个顶点的坐标，共五个顶点．其中，第一个点和第五个点的坐标相同．矩阵有两列，第一列为五个顶点的横坐标，第二列为五个顶点的纵坐标．Line()用矩阵的两列数据绘四边形，而且每旋转一次都绘一个四边形．

【例 2.10】 将马鞍面自变量定义在圆域上，创建圆域上网格点并用极坐标变换将其转换为直角坐标绘图．利用 MATLAB 的帧动画方法演示马鞍面旋转过程．

分析：马鞍面的数学方程式为：$z = x^2 - y^2$．MATLAB 的帧动画方法是在程序开始时使用 moviein()，在循环语句中使用 mesh() 结合 getframe，实现逐帧动画设计．最后用 movie() 播放逐帧动画，如图 2.5 所示．

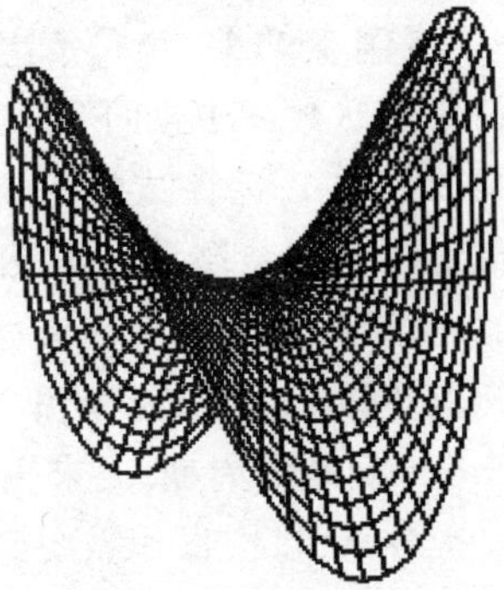

实验程序如下：

图 2.5　马鞍面图形

```
M= moviein(16);
t= linspace(0,2* pi,60);r= 0:0.1:2;
x= r'* cos(t);y= r'* sin(t);
z= x.^2- y.^2;                       % 计算马鞍面数据
AZ= - 20;
for k= 1:24
    mesh(x,y,z),axis off             % 绘图
    colormap([0 0 0]),view(AZ,20)    % 旋转 15°
    axis square
    M(:,k)= getframe;                % 帧设计
```

```
        AZ= AZ+ 15;
    end
movie(M,5)                              % 帧播放
```

注:最后一条语句的功能是将 16 个曲面图按秩序反复播放 5 次.马鞍面图形绘制方法参考第 1 章实验问题.

2. while 循环语句

while 循环语句用于条件控制循环算法的实现,将条件判定放于循环体之前,满足条件进入循环,不满足时不进入循环.反复执行循环体中命令,直至条件不满足为止.其具体格式为:

```
while〈条件〉
    循环体
end
```

条件控制的循环语句比较灵活,初学者如果对问题的条件理解不够,可能设置不好,会导致程序运行出现死循环(即循环一直进行下去不能自动终止).

【例 2.11】 角谷猜想也称为 **$3n+1$ 问题**,是算法设计的典型问题.其内容是:对任一自然数 n,按如下法则进行运算:若 n 为偶数,则将 n 除以 2;若 n 为奇数,则将 n 乘以 3 加 1.运算结果将得新的自然数,将新的数按上面法则继续运算,重复若干次后最终将得出结果为 1.虽然这一结论没见到严格的数学证明,但计算机实验总是正确的.试设计程序要求具有如下功能:对任意输入的正整数 n,用算法实现两种操作,直到正整数变为 1 时.从开始输入的正整数 n 到最后得到的 1 总共所经历的步数称为 $3n+1$ 问题的周期.要求输出每步操作后变化的正整数和周期.

分析:每次操作需要判断这个数是奇数还是偶数,可以通过除 2 的余数为"0"还是为"1"来判断.对两种不同情况需要用分支语句实现.周期 T 可以通过循环中记数实现,每步操作后变化的整数用数组添加技术实现.

设计 MATLAB 程序如下(文件名:JGgauss)

```
n= input('input n:= ');                 % 输入数据
N= n;T= 1;
while n~ = 1
    r= rem(n,2);                        % 求 n/2 的余数
    if r= = 0
        n= n/2;                         % 第一种操作
    else
        n= 3* n+ 1;                     % 第二种操作
```

```
        end
        N= [N,n];T= T+ 1;
    end
    T,N
```

在命令窗口运行程序,系统将显示提示信息"input n:=",并等待输入一个正整数. 如例输入 13 并按【Enter】键,将有如下结果:

```
    T=
        10
    N=
        13    40    20    10    5    16    8    4    2    1
```

注:(3n+1)问题的周期是否有规律仍然是一个未解决的问题.

【例 2.12】　在一次军事演习中,红、蓝两队从相距 100 km 的地点同时出发相向行军. 红队速度为 10(km/h),蓝队速度为 8(km/h). 开始时,联络员骑摩托从红队出发为行进中的两队传递消息. 摩托车以 60(km/h)的速度往返于两队之间. 每遇一队,立即折回驶向另一队. 当两队距离小于 0.2 km 时,摩托车停止. 计算摩托车跑了多少趟(从一队驶向另一队为一趟).

分析:这是数学中典型的相遇问题,关键是相遇时间的计算. 将红队、蓝队和摩托车设为 A、B、C 三个点. A 点初始位置 $A=0$,速度 $v_a=10$(运动向右);B 点初始位置 $B=100$,速度 $v_b=8$(运动向左);C 点初始位置 $C=0$,速度 $v_c=60$($f=\pm1$ 表示运动方向). 当 C 向右运动时,考虑 C、B 相遇问题,相遇时间为:$t_k=(B-A)/(8+60)$;当 C 向左运动时,考虑 A、C 相遇问题,相遇时间为:$t_k=(B-A)/(60+10)$. 计算出相遇时间 t_k,就可以及时计算出 A、B 在摩托车改变方向时的最新位置. 当 $(B-A)<0.2$ 时程序结束. 程序如下($A=0$;$B=100$):

```
    va= 10;vb= 8;vc= 60;
    f= 1;k= 0;
    while  (B- A)>0.2
        if  f= = 1
                tk= (B- A)/(vb+ vc);          % 计算C和B相遇时间
        else
                tk= (B- A)/(vc+ va);          % 计算C和A相遇时间
        end
        A= A+ va* tk;B= B- vb* tk;            % 根据相遇时间计算位移
```

```
        f= - f;k= k+ 1;
    end
    k,A,B
```

程序运行结果为

```
    k=        21
    A=        55.4590
    B=        55.6328
```

注:这是比较典型的程序设计问题,解决问题的目标明确,以相遇问题为基础.程序设计的任务是要在给定输入数据的情况下计算出输出数据:摩托车行走的次数.

2.2.3 其他控制

在循环语句使用中,有时需要在进行到某一程度时退出(或跳过),使循环终止;当输入数据有错误时,需要程序自动退出并显示出错信息.MATLAB 实现这些功能的语句有中断语句 break 和出错语句 error.

1. 中断语句

中断语句通常用于循环中断,在循环语句中结合条件语句使用.其功能是中断本次循环,并跳出最内层循环.语句使用格式为

    if〈条件表达式〉,break,end

当条件表达式的逻辑值为"真"时,实现中断.

2. 出错语句

出错语句常用于程序开始,当初始数据有误时,显示出错信息并退出运行,提示用户重新输入正确数据再运行程序.出错语句使用时需要用单引号括入用于给用户提示的简单文本,这一简单文本要指出错误类型,以便于用户改正错误.例如:error('输入数据有误,请重新输入').出错语句使用之前要判断,需要与条件语句结合使用,使用格式为

    if〈条件表达式〉,error('message'),end

其中,单引号内的 message 应替换为提示用户的简单文本.

【例 2.13】 已知三角形 $\triangle ABC$ 三条边长 a、b 和 c,根据三角形半周长 $p=(a+b+c)/2$,应用海伦公式

$$S = \sqrt{p(p-a)(p-b)(p-c)}$$

可以计算面积.编写程序用海伦公式计算三角形面积,要求程序可对边长数据的正确性做判断,如果数据有误,则退出运行提示用户重新输入.

　　分析：三角形不等式的意义是：三角形任意两边之和大于第三条边. 使三角形不等式不成立的情况是：三角形中有两条边之和小于等于第三条边. 用 MATLAB 的逻辑表达式表示，可写成

$$a+b<=c|a+c<=b|b+c<=a$$

设计 MATLAB 程序如下（heron1）：

```
data= input('input[a,b,c]:= ');
a= data(1);
b= data(2);
c= data(3);
ifa+ b<= c|a+ c<= b|b+ c<= a
    error('三角形两边之和应该大于第三边')
end
p= (a+ b+ c)/2;                    % 计算半周长
S= sqrt(p* (p- a)* (p- b)* (p- c))  % 计算面积
```

　　在命令窗口运行程序，系统将等待用户输入数据，提示信息为"input[a,b,c]：＝"，如果输入[3,4,8]，则屏幕将显示如下信息：

```
input[a,b,c]:= [3,4,8]
??? Error using= = >heron1
三角形两边之和应该大于第三边
```

　　注：使用 MATLAB 键盘输入命令接收数据，常用于 MATLAB 的程序文件中.

§2.3　MATLAB 的函数文件

　　MATLAB 的函数文件与程序文件在应用上有很大区别，函数文件使用之后，所有的临时变量都被自动删除，只保留有用数据. 在 MATLAB 中创建函数文件，可以增加用户定义的函数以实现系统功能扩充. 编写函数文件可以培养更灵活的程序设计技能，特别对提高程序输入/输出的控制能力，以及程序模块设计能力都很重要.

2.3.1　函数文件的格式

　　MATLAB 的系统内本身就拥有大量的函数文件，它们都称得上优秀程序范例. 编写函数文件必须按规定的格式编写，使用函数文件时也需要按一定格式调用. 所以编写函数文件时不仅要考虑实现算法，还要兼顾方便用户的考虑.

1. 函数文件的编写格式

函数文件除了有文件名之外还有函数名,函数名出现在函数文件第一行中.函数文件的第一行是函数定义行,定义行有输入变量和返回变量,它们类似于数学函数的自变量和因变量.第一行还必须以关键字"function"开始.格式如下:

```
function 返回变量列表＝函数名(输入变量列表)
％〈注解说明〉
［输入变量检测］
［输出变量检测］
函数体函数文件
```

第一行是四个项的有序排列,即

(1)关键字——function(编程时录入正确会自动变蓝色);

(2)函数的返回变量——用于传递输出数据;

(3)函数名——要求用英文字母开始且与文件名同名;

(4)圆括号内的输入变量名——用于传递输入数据.

注释行以百分号"％"开始,用简明文本做注释,可以写编程备忘、用户帮助信息、所用算法、编程时间和程序员姓名等.输入变量检测和输出变量检测可以对用户误操作做处理.

函数体实际上是一个完整的程序块,编写程序块是将解决问题的步骤具体化、明朗化.特别注意:函数文件中的输出变量要被某个确定的表达式赋值才能传递有用的计算结果.

【例 2.14】 编写函数文件计算杨辉三角形,并以矩阵形式显示.函数文件的功能为:输入正整数 n,输出 n 阶矩阵 Y,Y 的左下角元素为杨辉三角形,Y 的右上角元素全部为零.如果用户调用函数时,没有输入数据,则默认为 3 阶矩阵.

分析:将杨辉三角形数据按行排列为下三角矩阵,有如下规律:每一行第一个元素和主对角元素均为1;从第三行开始的第 k 行中,$y_{kj}＝y_{k-1,j-1}+y_{k-1,j}$,$(j＝2,3,\cdots,k-1)$.编写函数文件如下:

```
function Y= young(n)
if nargin= = 0,n= 3;end
Y= eye(n);Y(:,1)= ones(n,1);        % 将矩阵第一列和对角元置为 1
for k= 3:n
    Y(k,2:k- 1)= Y(k- 1,1:k- 2)+ Y(k- 1,2:k- 1);
                                     % 根据前一行计算当前行数据
end
```

在命令窗口调用函数,使用命令 young(6),则屏幕将显示如下 6 阶下三角矩阵:

```
ans=
    1    0    0    0    0    0
    1    1    0    0    0    0
    1    2    1    0    0    0
    1    3    3    1    0    0
    1    4    6    4    1    0
    1    5   10   10    5    1
```

注:函数文件中第一条语句用于判别用户是否输入矩阵阶数 n,如果没有,则输入变量检测 nargin 的值为 0,此时自动将 n 赋值为 3,将显示 3 阶杨辉三角形数据.

【**例 2.15**】　编写函数用于绘三维地球(见图 2.6),要求用球面上的经线间隔(经度差)做输入变量,如果没有输入数据,则缺省值为 15.

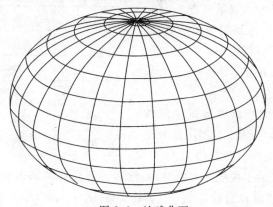

图 2.6　地球曲面

分析:当发生用户调用函数文件时没有输入变量情况时,可以用 nargin==0 是否成立来检测判定.编写函数文件如下:

```
function earthface(Dtheta)
if  nargin= = 0
    Dtheta= 15;                    % 无输入则置经度差为 15
end
R= 6400;
fai= (- 180:Dtheta:180)* pi/180;   % 创建经度数据
theta= (- 90:Dtheta:90)* pi/180;   % 创建纬度数据
X= R* cos(theta)'* cos(fai);       % 列向量乘行向量
```

```
Y= R* cos(theta)'* sin(fai);
Z= R* sin(theta)'* ones(size(fai));
colormap([0 0 1])
mesh(X,Y,Z),axis off
```

注:这是一类特殊的无数据输出的函数文件,第一行没有输出变量,因为函数的功能是输出图形.允许用户不输入数据调用函数,默认的输入数据是 15.

2.3.2 主函数和子函数

在程序设计中经常使用主函数调用子函数的方法.主函数体现程序的主要功能,子函数注重技术细节.主函数和子函数按功能分模块,层次分明,便于调试和维护. MATLAB 的函数文件设计允许主函数后跟子函数,子函数的编写格式和函数文件的编写格式一样,开始行有"function"、返回变量列表、函数名和输入变量列表.

【例 2.16】 飞行航线模拟图绘制.北京至纽约有北极直飞航线和太平洋航线,后一航线途经上海、东京、旧金山.五大城市的经纬度数据如表 2.9 所示.

设计根据两城市经纬度数据绘航线的子程序函数文件,再设计主程序函数文件多次调用子程序绘出飞行航线图.

表 2.9　经纬度数据

城　市	纬　度	经　度
北京	北纬 40°	东经 116°
上海	北纬 31°	东经 122°
东京	北纬 36°	东经 140°
旧金山	北纬 37°	西经 123°
纽约	北纬 41°	西经 76°

分析:主函数先绘出模拟地球的球面,然后重复选择两城市经纬度数据传给子函数,子函数根据两城市位置绘航线.主函数文件 flytravel()和子函数文件 skyway()如下

```
function flytravel()
city= [40,116;31,122;36,140;37,- 123;41,- 76];
figure(1),sphere(24),colormap([1 1 1])
axis off,hold on
p1= city(1,:);p2= city(5,:);
skyway(p1,p2)
figure(2),sphere(24),colormap([1,1,1])
axis off,hold on
for k= 1:4
    p1= city(k,:);p2= city(k+ 1,:);
```

```
    skyway(p1,p2)
end

function skyway(p1,p2)
city= [p1;p2]* pi/180;
theta= city(:,1);fai= city(:,2);
x= cos(theta).* cos(fai);
y= cos(theta).* sin(fai);
z= sin(theta);
t= linspace(0,1,20);
xt= (1- t)* x(1)+ t* x(2);
yt= (1- t)* y(1)+ t* y(2);
zt= (1- t)* z(1)+ t* z(2);
r= sqrt(xt.* xt+ yt.* yt+ zt.* zt);
xt= xt./r;yt= yt./r;zt= zt./r;
plot3(x,y,z,'ro',xt,yt,zt,'b','linewidth',2)
```

在命令窗口调用主函数 flytravel(),图形窗口将显示两条航线模拟图(见图 2.7
和图 2.8).

图 2.7　飞越北极航线

图 2.8 太平洋航线

注:主函数通过输入参数的数据调用子函数.子函数只
能放在主函数文件的后面,不需要单独存放.两个函数
放在一起,以主函数的函数名作为整个文件的文件名.

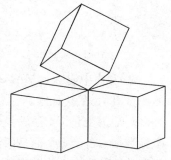

【**例 2.17**】　将位于第一象限内的单位立方体 B1
绘图.然后将其绕 z 轴左旋 90°到第二象限为 B2;继续
绕 z 轴左旋 90°到第三象限为 B3,并分别绘图显示;最
后,将立方体 B1 再绕 y 轴右旋 45°为 B4,继续绕 x 轴
左旋 45°为 B5,绘出旋转后的 B5 如图 2.9 所示.

图 2.9　立方体旋转实验

分析:空间位置向量在三个坐标面内的旋转.对应于三个正交矩阵

$$Q_x(\alpha) = \begin{bmatrix} 1 & 0 & 0 \\ 0 & \cos\alpha & -\sin\alpha \\ 0 & \sin\alpha & \cos\alpha \end{bmatrix},$$

$$Q_y(\beta) = \begin{bmatrix} \cos\beta & 0 & \sin\beta \\ 0 & 1 & 0 \\ -\sin\beta & 0 & \cos\beta \end{bmatrix}, \qquad Q_z(\gamma) = \begin{bmatrix} \cos\gamma & -\sin\gamma & 0 \\ \sin\gamma & \cos\gamma & 0 \\ 0 & 0 & 1 \end{bmatrix}$$

第一个正交矩阵用于将 $y-z$ 平面上向量绕 x 轴左旋 α 角;第二个正交矩阵用于将 $z-x$ 平面上向量绕 y 轴左旋 β 角,第三个正交矩阵用于将 $x-y$ 平面上向量绕 z 轴左旋 γ 角.为了绘四个立方体图形,用 patch()命令设计子函数 cube()专门用于绘图,而主函数主要负责立方体的旋转变换.设计函数文件如下:

```
function rotlab
B1= [0 0 0;1 0 0;1 1 0;0 1 0;0 0 1;1 0 1;1 1 1;0 1 1];  % 立方体顶点坐标
B= B1;cube(B)                                            % 调用子函数绘图
Qz= [cos(pi/2) - sin(pi/2) 0;sin(pi/2) cos(pi/2) 0;0 0 1];
                                                         % 创建第一个正交矩阵
Qy= [cos(- pi/4) 0 sin(- pi/4);0 1 0;- sin(- pi/4) 0 cos(- pi/4)];
Qx= [1 0 0;0 cos(pi/4) - sin(pi/4);0 sin(pi/4) cos(pi/4)];
B= B* Qz';cube(B)                                        % 完成第一次旋转并绘图
B= B* Qz';cube(B)
B= B1* Qy';B= B* Qx';B(:,3)= B(:,3)+ 1% 旋转与平移
cube(B)                                                  % 调用子函数绘图
axis off
view(29,8)


function cube(B)                                         % 子函数开始
fac= [1 2 3 4;1 2 6 5;1 4 8 5;7 8 5 6;7 3 2 6;7 3 4 8];  % 六个面的顶点编码
patch('faces',fac,'vertices',B,'faceColor','w')          % 白色填充六面
```

注:程序中使用了 MATLAB 中多空间多边形填充命令 patch(),关键字'vertices'后的变量 B 存放多面体 N 个顶点的三维坐标数据,B 是 N 行 3 列的矩阵;关键字'faces'后的变量 fac 存放多面体 M 个面的顶点编号(根据编号可确定 B 中对应行的坐标数据),由于每个面是四边形,所以 fac 是 M 行 4 列的矩阵(矩阵中每个元素均为正整数);最后一个关键字'faceColor'后面表明每个面的填充颜色.

【例 2.18】　编写递归函数,计算并输出裴波那契(fibonacci)数列的第 n 项.

分析:裴波那契数列的第一项和第二项均为 1,通项递推关系为 $f_n = f_{n-1} + f_{n-2}$,编写递归函数如下:

```
function  f= fib(n)
if nargin= = 0,n= 1;end
if n>= 3
    f= fib(n- 1)+ fib(n- 2);
elseif n= = 1|n= = 2
    f= 1;
end
```

调用函数如下:

```
fib(13)
ans= 233
```

注:MATLAB 的函数允许递归调用,即函数自己调用自己.

【例 2.19】　汉诺(Hanoi)塔问题. 设有 A、B、C 三个塔柱. 开始时,在塔柱 A 上有 n 个有孔圆盘,这些圆盘自下而上,由大到小地叠放一起,如图 2.10 所示. 现在要求将塔柱 A 上的圆盘移到塔柱 C 上,并仍按同样顺序叠放. 移动圆盘过程中,不允许大圆盘压小圆盘,可以将圆盘移至 A,B,C 中任何一塔柱上.

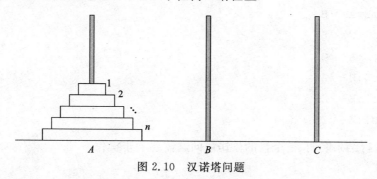

图 2.10　汉诺塔问题

分析:将圆盘由小到大编号为 $1,2,\cdots,n$. 将 A 做为开始塔柱,C 为目标塔柱,B 为中间塔柱.要列出整个转移的操作过程,可以应用递归技术解决.操作分为三步:

① 将 A 上的 $n-1$ 个盘转移到 B 上;

② 将 A 上第 n 号盘转移到 C 上;

③ 将 B 上的 $n-1$ 个盘转移到 C 上.

第一步是$(n-1)$个盘问题(A 为开始,B 为目标,C 为中间);第二步是1个盘问题;第三步是$(n-1)$个盘问题(B 为开始,C 为目标,B 为中间).

将三步操作按次序编写函数文件,第一步操作和第三步操作需要调用函数本身,即自己调用自己.设计函数文件如下:

```
function hanoi(n,p_begin,p_end,p_mid)  % n是正整数,表示圆盘数
if nargin= = 1,p_begin= ' A';p_mid= ' B';p_end= ' C';end
if n= = 1
      disp(strcat('No',int2str(n),':',p_begin,'- >',p_end))
                                          % 一个盘移动
else
      hanoi(n- 1,p_begin,p_mid,p_end);  % n-1 个盘移到B
      disp(strcat('No',int2str(n),':',p_begin,'- >',p_end))
                                            % 一个盘移到C
      hanoi(n- 1,p_mid,p_end,p_begin);  % n- 1 个盘移到C
end
```

程序运行时只需调用函数 hanoi(),调用时要在函数名后圆括号内输入正整数 n,例如 hanoi(3),运行结果为

```
No1:A- >C
No2:A- >B
No1:C- >B
No3:A- >C
No1:B- >A
No2:B- >C
No1:A- >C
```

程序运行结果表明,三个盘的汉诺塔问题需要七步操作.

§2.4 数据文件的输入/输出

文件是计算机输入/输出的操作对象,通常是指记录在磁盘上的数据集合.计算机所处理的数据包括数值数据、声音数据、图像数据.数据的传输和计算需要相关的数据文件输入/输出做保证.数据文件使计算机程序可以对不同的输入数据进行加工处理,产生相应的输出结果.在某些情况下,不使用数据文件很难解决所面对的实际问题.

MATLAB 具有较强的数据文件处理功能,提供了数据文件的输入和输出方法.

2.4.1　数据文件的输入

数据文件的输入常用 MATLAB 对文本文件的读功能实现. 对于大型矩阵,用文本文件录入数据,并用 load 命令将数据载入,进行数据处理. 具体使用格式为

```
load('filename.txt')  或 load  filename.txt
```

其中,filename 是具体文件名,如 data. txt、fensu. txt 等. 如果数据文件上载成功,则可以以文件名作为变量名调用数据文件中的数据.

【例 2.20】　矿区面积计算. 在某矿区平面图上,设定最西南处为坐标原点建立坐标系,取自西向东方向为 x 轴正向,自南向北方向为 y 轴正向. 按地图比例得边界点坐标数据如表 2.10 所示.

表 2.10　矿区边界坐标数据(单位:20 m)

x	0.00	21.80	35.40	61.10	87.20	120.50	146.80	168.50	189.80	220.40
y	0.00	40.80	20.60	15.80	38.70	52.80	98.60	55.50	69.40	23.40
x	255.00	302.50	350.10	380.00	320.50	314.60	273.00	238.50	207.80	186.50
y	51.90	52.80	66.60	198.90	245.20	358.20	415.40	386.70	423.80	352.40
x	164.80	138.50	105.20	87.80	79.10	63.60	60.90	39.80	30.00	10.00
y	196.80	145.60	198.60	175.50	206.60	172.80	140.60	118.60	91.50	94.50

应用多边形面积计算公式计算出该矿区所在区域的面积(见图 2.11).

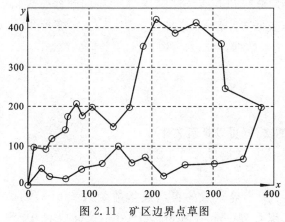

图 2.11　矿区边界点草图

图 2.12　建立数据文件

首先使用 Windows 系统的记事本建立一个文件名为:data0. txt 的数据文件.

按表中数据将边界点坐标录入,每一行两个数据记录一个边界点坐标. 图 2.11 中显示了数据文件的前十行数据. 将数据文件 data0 复制到 MATLAB 当前工作目录下. 按数据文件输入方法载入数据 x 和 y,然后应用高级命令

```
polyarea(x,y)
```

计算得矿区面积. n 个顶点的多边形周长计算公式为($p_{n+1}=p_0$)

$$L_n = \sum_{k=1}^{n+1} \sqrt{(x_{k+1}-x_k)^2 + (y_{k+1}-y_k)^2}$$

程序(文件名 myarea. m)如下:

```
load data0.txt
x= data0(:,1);y= data0(:,2);
plot(x,y,x,y,'ro'),grid on
An= polyarea(x,y);              % 计算多边形面积
n= length(x);
x(n+ 1)= x(1);y(n+ 1)= y(1);
dx= diff(x);dy= diff(y);
Ln= sum(sqrt(dx.^2+ dy.^2));    % 计算多边形周长
Ln= 20* Ln/1000                % 周长换算为 km
An= 400* An/1000000            % 面积换算为 km²
```

程序运行后,计算结果为

$$面积 = 30.25(\text{km}^2); \qquad 周长 = 32.73(\text{km})$$

注:数据文件录入时,可以不使用分号和方括号,但是要求每行的数据个数相等;命令 load data0. txt 用于装载数据,数据文件名 data0 即是变量名 data0. 变量 data0 做为一个矩阵,第一列为边界点的 X 坐标数据,第二列为边界点的 Y 坐标数据.

2.4.2 数据文件的输出

数据文件的输出分三步进行:

第一步:打开一个指定文件名的文件(可以是新文件);

第二步:将某一个或多个变量保存的数据写入到打开的文件中;

第三步:关闭该文件.

【**例 2.21**】 计算区间 $[0,1]$ 上 11 个等距点的自然底指数函数 $\exp(x)$ 的函数值,并将自变量数据和函数值数据保存到一个名为 expval. txt 的文本文件中. 程序如下:

```
x= 0:.1:1;                  % 创建自变量数组
y= [x;exp(x)];              % 计算对应函数值
fid= fopen('expval.txt','w');
                            % 写方式打开名为 expval.txt 的文本文件
fprintf(fid,'% 6.2f% 12.8f\n',y);
                            % 将自变量和函数值数据按格式写入文件
fclose(fid);                % 关闭文件
```

程序运行后,命令窗口如果无出错信息,可以在 MATLAB 命令窗口中使用 dir 命令了解工作目录中的文件.察看文件名为 expval. txt 的文本文件是否存在.

在 Windows 界面下进入 MATLAB 的工作目录(文件包 work),找到文本文件 expval. txt 右击,选择用写字板打开可以得到带格式的数据(见图 2.13).

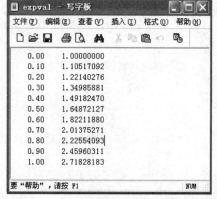

图 2.13　用写字板打开输出的数据文件

注:

(1)程序中 fopen()功能是打开文件,圆括号中第一项是文件名,第二项用 w 表示写文件;fid 是由 fopen 产生的一个整数,是文件标识符. fprintf()是将有格式数据写入文件的命令,其中第一个百分号用于对自变量数据的格式描述,第二个百分号用于对函数值数据的描述,%6.2 表示数据格式为含小数点在内 6 个字符而小数点后占 2 个字符,%12.8 表示数据格式为含小数点在内 12 个字符而小数点后占 8 个字符.

(2)如果 MATLAB 的工作目录中有文本文件 expval. txt. 利用 type 命令可以观看文件内容.在命令窗口中键入:type expval. txt,将显示数据

```
0.00        1.00000000
0.10        1.10517092
0.20        1.22140276
0.30        1.34985881
0.40        1.49182470
0.50        1.64872127
0.60        1.82211880
```

<h1 style="text-align:center">§2.5 实 验 范 例</h1>

2.5.1 球谐函数曲面

球谐函数是二元函数,其自变量是球面坐标系下两个角度变量.可用于描述球面波的分解与合成,也可用于模拟地球的自由振动.

1. 实验内容

球谐函数为连带勒让德多项式与余弦函数(或正弦函数乘积而成)

$$Y_n^m(\theta,\varphi) = P_l^m(\cos\theta)\cos\varphi, \quad (0 \leqslant \theta \leqslant \pi, 0 \leqslant \varphi \leqslant 2\pi)$$

或

$$Y_n^m(\theta,\varphi) = P_l^m(\cos\theta)\sin\varphi.$$

部分连带勒让德多项式如下:

$P_1^1(x) = (1-x^2)^{1/2}$;

$P_2^1(x) = (1-x^2)^{1/2}(3x)$, $\quad P_2^2(x) = 3(1-x^2)$;

$P_3^1(x) = \dfrac{3}{2}(1-x^2)^{1/2}(5x^2-3)$, $\quad P_3^2(x) = 15(1-x^2)x$, $\quad P_3^3(x) = 15(1-x^2)^{3/2}$;

$P_4^1(x) = \dfrac{1}{2}(1-x^2)^{1/2}(35x^3-15x)$, $\quad P_4^2(x) = \dfrac{1}{2}(1-x^2)(105x^2-15)$.

直接调用 MATLAB 的勒让德多项式函数,计算函数值数据并构造球函数数据,绘制球函数图形.

2. 实验目的

了解球谐函数绘图方法.学会利用图形分析数学表达式的方法.以球谐函数代替球坐标系中的球半径,则可绘出球谐函数的图形;如果以球谐函数加上球半径 r 代替 r,则可以更好地观察球谐函数图形.

3. 实验原理

数学上球坐标系和三维直角坐标系关系如下

$$\begin{cases} x = r\sin\theta\cos\varphi \\ y = r\sin\theta\sin\varphi \quad (0 \leqslant \varphi \leqslant 2\pi, 0 \leqslant \theta \leqslant \pi) \\ z = r\cos\theta \end{cases}$$

MATLAB 自带缔合勒让德函数文件.该函数的调用格式为

```
P= legendre(n,x)
```

该函数将计算出关于 $P_n^m(x)$ 的全部函数值(共 $n+1$ 个函数).其中 n 是勒让德多项式的自由度($n\langle256\rangle$),m 为谛合勒让德多项式的阶数($m=0,1,\cdots,n$),而 x 的值必须是区间$(-1,1)$内的实数.

如果 x 是一向量(无论是行向量或是列向量将不影响计算数据的结构),则 P 的数据结构将是 $(n+1)$ 行的矩阵,矩阵的列数与 x 的元素个数一致. P 的第一行数据是 n 阶勒让德多项式的函数值,第二行至第 $(n+1)$ 行数据分别是 1 至 n 阶谛合勒让德多项式的函数值.

4. 实验程序

```
function legend1()
t= linspace(0,pi,40);
s= linspace(0,2* pi,60);
[theta,fai]= meshgrid(t,s);
for k= 1:5
    L= legendre(k+ 2,cos(t));
    P= ones(60,1)* L(2,:);
    figure(k),sphefun(P,theta,fai)
end

function sphefun(P,theta,fai)
YR= 12+ P.* cos(fai);
X= YR.* sin(theta).* cos(fai);
Y= YR.* sin(theta).* sin(fai);
Z= YR.* cos(theta);
surf(X,Y,Z),axis off
light,view(50,20)
```

5. 实验结果(见图 2.14 和图 2.15)

显然,半径取球谐函数和半径取球谐函数加某半径值图形不一样.

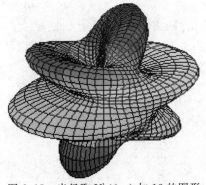

图 2.14　半径取 $Y_3^1(\theta,\varphi)$ 的图形　　　图 2.15　半径取 $Y_6^1(\theta,\varphi)$ 加 12 的图形

6. 实验结论和注记

利用球坐标变换计算出二元函数的离散点数据,形成三个同型矩阵.所以球域上的曲面可以绘制成功.

注:取 surf() 与 ligtht 在绘制二元函数网面的同时,还给出光彩使封闭的空间三维立体绘图效果更好.

2.5.2 牟合方盖模型

牟合方盖是中国古代数学家刘徽在研究球积公式时创建的几何模型,正方体内两轴互相垂直的内切圆柱面相交所围的空间立体.由于这个立体的外形如同两把上下对称的正方形雨伞,所以称它为**牟合方盖**.由于图形具有对称性,绘出上半部分图形就可以了解全貌.

1. 实验内容

绘制柱面 $x^2+y^2=R^2$ 与柱面 $x^2+z^2=R^2$ 所围的立体在 $x-y$ 平面上半部分的边界曲面以及曲面的交线,并分析交线的变化规律.

2. 实验目的

了解圆域上曲面绘制方法,了解曲面参数方程的构造方法,掌握 MATLAB 绘空间曲面和曲线技术.学会利用图形分析数学表达式的方法.

3. 实验原理

二次曲面方程 $x^2+y^2=R^2$ 表示中心线为 x 轴的圆柱面,方程 $x^2+z^2=R^2$ 表示中心线为 y 轴的圆柱面.由第二个方程解出 z,得函数

$$z = \sqrt{R^2 - x^2}.$$

这是牟合方盖的上半曲面图形的函数,曲面图形是二元函数,函数的定义域是

$$D = \{(x,y) \mid x2+y2 \leqslant R^2\}.$$

为了绘制圆域上的曲面图形,利用极坐标变换

$$\begin{cases} x=r \cos t \\ y=r \sin t \end{cases} (0 \leqslant r \leqslant R, 0 \leqslant t \leqslant 2\pi),$$

取 (r,t) 的离散值,可计算出圆域上 (x,y) 在直角坐标系下的离散值.为了利用命令 meshz() 绘图,需要将 x,y,z 的数据结构设计为同类型的矩阵.用列向量左乘行向量的数据结构恰好为矩阵.

4. 实验程序

```
h= 2* pi/100;
t= 0:h:2* pi;r= 0:0.05:1;
x= r'* cos(t);                          % 极坐标变换
y= r'* sin(t);
```

```
z= sqrt(1- x.^2);
figure(1),meshz(x,y,z)                        % 绘圆域上的曲面图
colormap([0 0 0])
axis off
view(- 47,56)
x1= cos(t);                                    % 计算曲面交线坐标
y1= sin(t);
z1= abs(sin(t));
figure(2)
plot3(x1,y1,z1,x1,y1,zeros(size(z1)))         % 绘曲面交线及投影曲线图
```

5. 实验结果及分析(见图 2.16 和图 2.17)

显然,两柱面的交线变化规律是圆圈上正弦函数的绝对值.

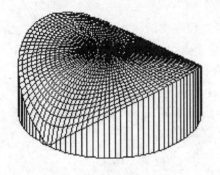
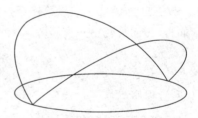

图 2.16   两圆柱面相交上半部图形   图 2.17   两柱面交线及投影

6. 实验结论和注记

利用极坐标变换计算出二元函数自变量在圆域内的离散点数据 x 和 y 是同型的矩阵,对应的二元函数值也是同型的矩阵.所以圆域上的曲面可以绘制成功.不足之处是顶部曲面没能反映出柱面的特征.

注:meshz()与 mesh()的功能不同之处是绘制二元函数网面的同时,在曲面边缘与函数自变量变化区域边界曲线之间连结上直线段簇.这样具有封闭的空间三维立体绘图效果.

2.5.3 Koch 分形曲线

分形几何图形最基本特征是自相似性,即局部与整体在几何图形上的相似.自然界中许多事物,都具有自相似的"层次"结构,在理想情况下,可以具有无穷层次的自相似.在具有自相似性的图形中,图形局部只是整体的缩影,而整体图形则是局部的放

大. 适当的放大或缩小几何尺寸,整个结构并不改变. 不少复杂的物理现象背后隐藏着这类具有自相似层次结构的分形几何原理.

1. 实验内容

Koch 分形曲线可以用一个过程来说明:从一条直线段开始,将线段中间的三分之一部分用一个等边三角形的两条边代替,形成山丘形图形,如图 2.18 所示.

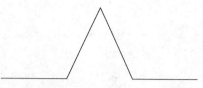

图 2.18 koch 分形曲线的基本图形元

在新的图形中,又将图中每一线段中间的三分之一部分都用一个等边三角形的两条边代替,再次形成新的图,……. 这种操作无限重复执行,就形成 Koch 分形曲线. 利用正交矩阵实现线段绕端点旋转,绘制 Koch 分形图.

2. 实验目的

了解正交矩阵在几何图形绘制中的应用,掌握 MATLAB 循环语句的常用方法.

3. 实验原理

由一条线段产生四条线段,由 n 条线段迭代一次后将产生 $4n$ 条线段. 算法针对每一条线段逐步进行,将计算新的三个点. 第一个点位于线段三分之一处,第三个点位于线段三分之二处,第二个点以第一个点为轴心,将第一和第三个点形成的向量正向旋转 $60°$ 而得. 正向旋转由正交矩阵

$$A = \begin{pmatrix} \cos \pi/3 & -\sin \pi/3 \\ \sin \pi/3 & \cos \pi/3 \end{pmatrix}$$

4. 实验程序

```
function koch(P,N)
if nargin= = 0,P= [0 0;1 0];N= 5;end
n= size(P,1)- 1;
A= [cos(pi/3),- sin(pi/3);sin(pi/3),cos(pi/3)];  % 创建正交矩阵
for k= 1:N
    p1= P(1:n,:);p2= P(2:n+ 1,:);              % 提取线段起点和终点
    d= (p2- p1)/3;
    q1= p1+ d;q3= p1+ 2* d;q2= q1+ d* A';       % 计算分形插入点坐标
    n= 4* n;II= 1:4:n- 3;
    P(II,:)= p1;P(II+ 4,:)= p2;                  % 整合分形点新旧坐标
    P(II+ 1,:)= q1;P(II+ 2,:)= q2;P(II+ 3,:)= q3;
end
plot(P(:,1),P(:,2)),axis off
axis image
```

5. 实验结果及分析

运行程序后,图形窗口将显示图形如图 2.19 所示.

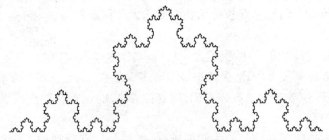

图 2.19　Koch 分形图形

山丘形图形经过五次分形计算后产生的分形图形具有自相似性质.

6. 实验结论和注记

Koch 分形图形具有自相似特征,理论上可以做无限次分形计算,但由于计算机屏幕的分辨率有限,只能绘有限次分形图.

注:(1)初始数据(折线)取为 p=[0,0;5,sqrt(75);10,0;0,0],可绘制出如图 2.20 所示的雪花曲线.

(2)将函数文件中旋转角改为 2*pi/3,循环次数修改为 5,以 p=[0,0;5,−5;10,0;5,5;0,0]为初始线段的数据,可绘制出如图 2.21 所示的形同火焰的分形图形.

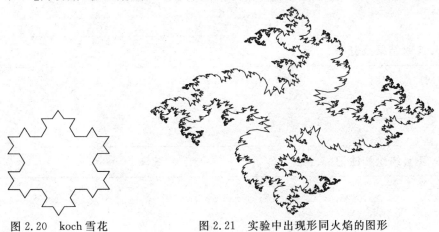

图 2.20　koch 雪花　　　　　图 2.21　实验中出现形同火焰的图形

§2.6　实　验　课　题

2.6.1　立方倍积

传说古希腊时期,曾经流行温疫,人们为消除灾难求助于神.神说:把神庙中黄金祭台增容一倍,可消除温疫.当立方体祭台尺寸放大一倍后,温疫仍然流行.人们才知道体积并不是扩大了一倍.这个古希腊难题被称为**倍立方体问题**,这一难题与画圆为方问题以及三等分角问题一起被称为**古希腊三大几何难题**.

1. 实验内容

设正立方体的高为 1,将体积扩大一倍后,高度是 2 开立方,用有限位实数表示体积扩大后的立方体高度 h,无论保留小数点后多少位数,总会有误差存在.用数学实验程序验证:用有限位数表示立方体高度,随着位数增加,误差会逐步减小这一现象.

2. 实验目的

了解倍立方体问题在内的三大几何难题,掌握小数点浮动的数学处理方法,学会用 MATLAB 循环语句处理复杂计算的技术和方法.

3. 实验原理

MATLAB 中的数据都采用双精度(15 位浮点数)存储,通常小数点后有 14 位十进数位.为了保留数据的小数点后第 k 位,需要先将小数点向右移动 k 位,然后将数据取整,最后再将小数点向左移动 k 位还原,就得到保留 k 位小数的近似数据.

4. 实验程序

5. 实验结果及分析

6. 实验结论和注记

2.6.2 飞行航程计算

北京飞往纽约的直飞航线从 2002 年正式开通,途经俄罗斯和加加拿大的北极地区.地球的几何模型是一个椭球,但可以用球面短程线做近似计算飞行距离.

1. 实验内容

在 2002 年之前,北京去往纽约旧航线途径城市经纬度数据如表 2.11 所示.

分别计算直飞航线和旧航线的航程,做出合理解释.

2. 实验原理

将地球视为半径为 $R = 6\ 400\text{(km)}$ 的球体.假设飞机在 10 000 m 高空平稳飞行,则以 6 410 代替 R.已知 P_1 和 P_2 两点经纬度 (θ_1, φ_1),(θ_2, φ_2),利用地心坐标转化公式

表 2.11　城市经纬度数据

城　市	纬　度	经　度
北京	北纬 40°	东经 116°
上海	北纬 31°	东经 122°
东京	北纬 36°	东经 140°
旧金山	北纬 37°	西经 123°
纽约	北纬 41°	西经 76°

$$\begin{cases} x = R \cos\theta \cos\varphi \\ y = R \cos\theta \sin\varphi \\ z = R \sin\theta \end{cases}$$

得直角坐标数据 (x_1, y_1, z_1),(x_2, y_2, z_2).短程线长度计算公式为

$$L = R \times \alpha,$$

其中,α 是从球心指向 P_1,P_2 两点的两向量的夹角(弧度),即

$$\cos\alpha = (x_1, y_1, z_1) \cdot (x_2, y_2, z_2) /$$
$$\| (x_1, y_1, z_1) \| \| (x_2, y_2, z_2) \|.$$

3. 实验程序

4. 实验结果及分析

5. 实验结论

思考与复习题二

1. MATLAB 的循环控制语句有何特点,说明 for 循环 while 循环语句的相同和不同之处.

2. 函数文件与程序文件相比,有哪些不同?

3. 中国传统的纪年方法称干支纪年法,它是由十个天干(甲、乙、丙、丁、戊、己、庚、辛、壬、癸)和十二地支(子、丑、寅、卯、辰、巳、午、未、申、酉、戌、亥)依次轮流搭配而成. 始于甲子,终于癸亥. 一个轮回需 60 年,称为一甲子. 已知 2012 年是壬辰年,通过简单计算找出年份与天干/地支对应的规律. 编写函数文件,其功能为输入年份,输出年的名称.

4. 设计星座计算程序. 西方文化将人的出生时间和十二星座相联系,用星座特征解释人的性格、命运、心理和行为. 十二星座名称和时间段列表如表 2.12 所示.

表 2.12　各星座的时间段

白羊	金牛	双子	巨蟹	狮子	处女
3.21~4.19	4.20~5.20	5.21~6.21	6.22~7.22	7.23~8.22	8.23~9.22
天秤	天蝎	射手	魔蝎	水瓶	双鱼
9.23~10.23	10.24~11.21	11.22~12.21	12.22~1.19	1.20~2.18	2.19~3.20

编写函数文件,其功能为输入某人的生日(月日)数据,输出对应的星座名称.

5. 小猴吃桃问题. 有一片桃林,有一天小猴摘下了若干个桃子,当即吃掉了一半,又多吃了 1 个. 第二天接着吃了剩下的一半,又多吃了 1 个. 以后每天都是吃掉尚存的桃子的一半零 1 个. 到第十天早上,小猴准备吃桃子时看到只剩下 1 个桃了. 问小猴第一天共摘下了多少个桃子?

6. 五猴分桃问题. 在一个荒岛上,五只猴子一起采集了一整天桃子后入睡. 一只猴子先醒了,决定先拿走自己的一份桃子,它把桃子均分为 5 份还剩 1 个,就把多余的一个扔了,藏好自己的一份后仍回去睡觉. 后来第二只猴子醒了,也扔了一个后正好分 5 等份,他拿走自己的一份后去睡觉. 剩下的猴子依次醒来分别作了同样的事. 试问原来至少有多少个桃子?

7. 自方幂数问题. 如果一个 n 位正整数恰好等于它的 n 个位上数字的 n 次方和,则称该数为 n 位自方幂数. 三位自方幂数又称水仙花数;四位自方幂数又称玫瑰花数;五位自方幂数又称五角星数;六位自方幂数又称六合数.

(1)设计算法求所有水仙花数;

(2)设计算法求所有玫瑰花数;

(3)设计算法综合求 3~6 位自方幂数.

8. 正整数 n 的所有小于 n 的不同正因数之和若等于 n 本身,称数 n 为完全数.例如,6 的正因数为 1,2,3,而 6＝1＋2＋3,则 6 是一个完全数.设计算法寻找 2～10000 内的完全数.

9. 数字河问题.一条数字河是一个特殊的整数数列,如果数列中某项为 n,则下一项为 n 加上它的各位数字之和.例如,12345 的下一项为 12360(因为 1＋2＋3＋4＋5＝15).如果一条数字河的第一个数为 k,则称它为第 k 条数字河.现实世界中的河流和溪流会相汇,数字河也是这样.当两条数字河出现同一数值时称为相汇.例如第 480 条河 {480,492,507,519,…} 与第 483 条河 {483,498,519,…} 相汇于 519 处.每一条数字河都将相汇于第 1 条数字河、第 3 条数字河或第 9 条数字河.编程计算出对于任意第 n 条河首次与三条河相汇处的数据.

10. 约瑟夫环问题.有 n 个人围成一圈就座,座位编号为:1,2,…,n.从第一人开始由 1 到 m 报数,凡报到 m 的人退出圈子,直到最后所有人全部退出圈子.编写函数文件实现如下功能:如果用户调用该函数时没有输入参数 m 和 n,则默认值为 $n＝8$,$m＝3$,输出数据为依次序退出圈子 n 个人的座位号.

11. 利用 x 轴上圆心位于点 (3,0) 处单位圆图形,绘制绕 y 轴旋转的旋转曲面.

12. 为了算出瑞士的国土面积,首先根据地图作如下测量:以由西向东方向为 x 轴,由南到北方向为 y 轴,选择方便的原点,并将从最西边界点到最东边界点在 x 轴上的区间适当地划分为若干段,在每个分点的 y 方向测出南边界点和北边界点的 y 坐标 y_1 和 y_2,这样就得到了表 2.13 中的数据(单位:英里).我们知道 18 英里相当于 40 km,试由测量数据计算瑞士国土得近似面积,与它的官方公布数据 41 288 km^2 比较.

表 2.13　瑞士国土边界点数据(单位:英里)

x	7.0	10.5	13.0	17.5	34.0	40.5	44.5	48.0	56.0	61.0	68.5	76.5	80.5	91.0
y_1	44	45	47	50	50	38	30	30	34	36	34	41	45	46
y_2	44	59	70	72	93	100	110	110	110	117	118	116	118	118

x	96.0	101.0	104.0	106.5	111.5	118.0	123.5	136.5	142.0	146.0	150.0	157.0	158.0
y_1	43	37	33	28	32	65	55	54	52	50	66	66	68
y_2	121	124	121	121	121	122	116	83	81	82	86	85	68

第 3 章　微积分实验

微积分是近代数学的基础,有广泛的应用背景. 以微积分为内容的数学实验将结合 MATLAB 符号计算、数值计算以及函数图形绘制技术介绍实验方法. 符号计算不同于数值计算,定积分符号计算的结果是符号对象,而数值计算的结果是数值数据. 常微分方程求解的符号计算结果是表达式,而数值计算结果是自变量和函数值的一系列数据.

§3.1　微积分符号计算

符号计算以符号变量为基础,以处理符号表达式为主要目的,针对常用数学表达式进行代数符号计算. 符号表达式的处理包括数学公式推导和各类操作. 在数值计算过程中,数值变量可以直接赋给数据参与计算;而在符号计算过程中,符号变量需要定义之后,才能参与运算. 符号变量与数字及运算符号构成符号表达式,对符号表达式的操作是符号计算的主要内容.

3.1.1　符号变量与符号表达式

1. 符号变量的定义方法
符号变量在使用之前要进行定义. 定义方法是用函数 sym()或 syms,其功能如表 3.1所示.

表 3.1　符号变量定义

命　　令	功　　能	例
sym	定义单个的符号变量	x = sym('x');
syms	定义多个符号变量	syms x y z

符号变量以英文字母开始,可以是 x1,x2. 在定义多个符号变量时,变量间用空隔隔开.

例如,语句 x=sym('1/3')建立符号变量 x=1/3,这是一个准确数据;而语句 y=1/3建立数值变量 y=0.3333,是近似数据. 数值变量占用内存资源少(通常占用八个字节),而符号变量占用内存是数值变量的 15 倍以上.

2. 符号表达式的创建方法

符号表达式由符号变量、数学函数以及常数和运算符号组成.

【例 3.1】 用符号表达式定义衰减振荡函数 $f(x)=\mathrm{e}^{-0.2x}\sin(0.5x)$，并用简单绘图命令绘出该函数的图形.

```
syms x;
f= exp(- 0.2* x)* sin(0.5* x);
ezplot(f,[0,8* pi])
```

这里定义了两个符号变量，第一个变量 x 是由 syms 定义，第二个变量 f 由符号表达式定义. 简单绘图命令的结果如图 3.1 所示.

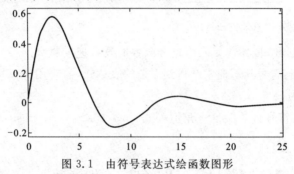

图 3.1　由符号表达式绘函数图形

用命令 whos 查看内存将获得这样的信息：符号变量 x 占用 126 字节，而 f 占用 168 个字节.

3. 符号表达式的变量替换和化简

符号表达式本身不具有函数运算功能，符号运算包括对符号表达式的绘图操作，还有变量替换和化简操作.

对符号表达式中变量进行替换可实现对变量赋值，命令使用格式为

```
S1= subs(S,'old','new')
```

其中，S 为变量替换前的符号表达式，S1 为替换后新的符号表达式. old 为 S 中的某一变量，而 new 为表达式或数据.

【例 3.2】 对参数 a＝0.4,0.8，分别绘制衰减振荡函数 $f(x)=\mathrm{e}^{-ax}\sin(0.5x)$ 的图形.

```
syms a x
f= exp(- a* x)* sin(0.5* x);
f1= subs(f,a,0.3);
figure(1),ezplot(f1,[0,2* pi])
```

```
f2= subs(f,a,0.8);
figure(2),ezplot(f2,[0,2* pi])
```

这里,首先定义了两个符号变量 a 和 x;然后由符号表达式定义了新的变量 f;最后通过变量替换将 a 换为 0.4,0.8 分别绘图,结果如图 3.2 和图 3.3 所示.

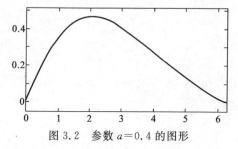

图 3.2 参数 $a=0.4$ 的图形

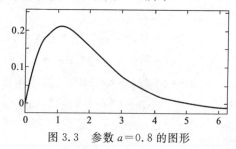

图 3.3 参数 $a=0.8$ 的图形

比较两个图形可知,参数 a 取值越大函数的衰减速度越大.

MATLAB 进行符号运算时常常得到复杂的表达式,需要用 simplify() 或 simple() 将复杂表达式转化为简单形式.

【例 3.3】 用符号计算验证三角恒等式 $\sin x_1 \cos x_2 - \cos x_1 \sin x_2 \equiv \sin(x_1 - x_2)$.

```
syms x1 x2;
y1= sin(x1)* cos(x2)- cos(x1)* sin(x2);
y2= simple(y1)
```

这里,首先定义 x_1 和 x_2 两个符号变量,用符号表达式定义变量 y_1,将 y_1 化简后定义变量 y_2.命令窗口中显示

```
y2= sin(x1- x2)
```

由 y_1 和 y_2 相等验证了恒等式成立.符号表达式化简命令如表 3.2 所示.

表 3.2 符号表达式化简命令

命 令 名	功 能
simplify()	复杂表达式化简
simple()	寻求最简表达式
pretty()	将表达式按数学公式显示命令

pretty() 可以将复杂表达式表现为接近数学论文中公式表现形式.

符号计算的结果是准确的数学符号,MATLAB 符号计算可以实现大部分初等函数的符号微分运算和符号积分运算,对于常见的级数和极限也可以计算出符号结果.

3.1.2 微分和积分的符号运算

1. 微分运算

微分运算包括求函数的导数、高阶导数和偏导数,求导数命令格式为

```
diff(f,x,n)
```

其中,f 是函数表达式,x 是指定的符号变量,n 是导数的阶数.

【**例 3.4**】 求函数 $y = \arctan x$ 的一阶导数和二阶导数并绘图.

```
syms x
y= atan(x);
dy= diff(y,x),figure(1),ezplot(dy)
d2y= diff(y,x,2),figure(2),ezplot(d2y)
```

一阶导数和二阶导数计算结果如下:

```
dy= 1/(1+ x^2)
d2y= - 2/(1+ x^2)^2* x
```

它们的图形如图 3.4 和图 3.5 所示.

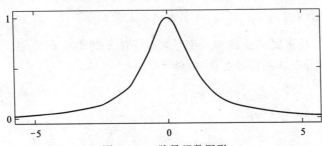

图 3.4 一阶导函数图形

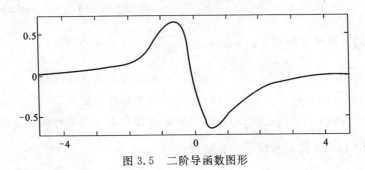

图 3.5 二阶导函数图形

利用导函数图形可以分析函数本身的性质,例如函数的单调区间、凹凸区间以及拐点.

2. 积分运算

积分运算包括求不定积分和求定积分. 求不定积分 $\int f(x)\mathrm{d}x$ 的命令使用格式为

$$int(S) \quad 或 \quad int(S,x)$$

前一种格式默认 x 为积分变量,后一种格式指定 x 为积分变量. 求定积分 $\int_a^b f(x)\mathrm{d}x$ 的命令使用格式为

$$int(S,x,a,b)$$

定积分符号计算结果仍是符号表达式,可以用命令

$$double() \quad 或 \quad numrical()$$

将符号转换为数值数据.

【例 3.5】 计算多元函数 $f(x,y,z) = \sin(xy+z)$ 关于 x 和 z 的不定积分.

```
syms x y z          % 定义符号变量x,y,z
f= sin(x* y+ z)     % 定义符号表达式
fx= int(f)          %  以 x 为积分变量积分
fz= int(f,z)        % 以 z 为积分变量积分
```

这里,f 是由符号表达式创建的符号变量,fx 是对 x 的不定积分创建的符号变量,fz 是对 z 的不定积分创建的符号变量. 由显示结果

```
fx= - 1/y* cos(x* y+ z)
fz= - cos(x* y+ z)
```

可得

$$\int \sin(xy+z)\mathrm{d}x = -\frac{\cos(xy+z)}{y} \ ; \qquad \int \sin(xy+z)\mathrm{d}z = -\cos(xy+z).$$

【例 3.6】 求不定积分 $\int e^{ax}\sin bx\,\mathrm{d}x$.

```
syms a b x              % 定义符号变量 a,b,x
f= exp(a* x)* sin(b* x);   % 定义符号表达式
int(f);F= simplify(ans)    % 对符号表达式进行积分并化简
```

最后 MATLAB 将显示符号计算结果:

```
F= exp(a* x)* (- b* cos(b* x)+ a* sin(b* x))/(a^2+ b^2)
```

由此可知符号计算得不定积分公式

$$\int e^{ax} \sin bx \, dx = \frac{1}{a^2 + b^2} e^{ax} [a \sin bx - b \cos bx].$$

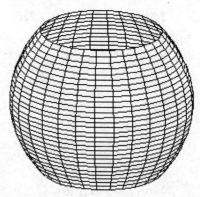

【例 3.7】　汽车加油站油库深度 12 m 呈啤酒桶形状,顶部和底部半径为 2 m,中心半径为 3 m. 纵截面右侧是抛物线 $x = 3 - y^2/36, (-6 \leqslant y \leqslant 6)$. 用符号计算导出储油量计算公式,并计算储油深度分别为:$D = 6$ m、$D = 10$ m、$D = 12$ m 时,油库的储油量.

图 3.6　油库形状

分析:旋转体体积计算公式 $V = \pi \int_{-6}^{H} [3 - y^2/36]^2 \, dy$. 油库的储油深度 D 与模型中的 H 之间关系为 $H = D - 6$. 实验程序如下:

```
y= linspace(- 6,6,30);x= 3- y.^2/36;
cylinder(x,30),axis off
colormap([1,1,1])
syms h H          % 定义符号变量
f= 3- h* h/36;    % 定义被积函数
V= sym('Pi')* int(f* f,h,- 6,H);
VD= simplify(subs(V,H,D- 6))
V6= subs(VD,D,6)
V10= subs(VD,D,10)
V12= subs(VD,D,12)
```

符号计算结果为

```
VD= 1/6480* pi* D* (D^4- 30* D^3+ 4320* D+ 25920)
V6= 135.7168
V10= 238.1405
V12= 271.4336
```

由显示结果可知,油库储油量计算公式为

$$V(D) = \frac{1}{1\,680} \pi D (D^4 - 30D^3 + 4\,320D + 25\,920).$$

储油深度分别为 $D = 6$ m、$D = 10$ m、$D = 12$ m 时,油库的储油量数据如表 3.3 所示.

表 3.3　储油量数据

储油深度 D(m)	6	10	12
储油量 $V(D)$(m³)	135.716 8	238.140 5	271.433 6

【**例 3.8**】 取 $a = -0.2$,函数 $f(x) = e^{ax} \sin(0.5x)$ 在区间 $[0, 2\pi]$ 上的曲线绕 x 轴旋转形成旋转曲面,如图 3.7 所示.用符号积分方法计算旋转曲面所围的体积.

使用符号积分计算程序如下:

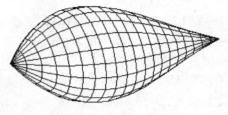

```
syms a x
f= exp(a* x)* sin(0.5* x);
f1= subs(f,a,- 0.2);
V= pi* int(f1* f1,x,0,2* pi)
double(V)
```

图 3.7　旋转体图形

MATLAB 命令窗口将显示出符号计算结果和数值结果:

```
V= pi* (- 125/116* exp(- 4/5* pi)+ 125/116)
ans= 3.111 1
```

程序中,f1 是通过替换创建的符号变量,V 是符号积分计算结果:

$$V = \frac{125}{116}\pi\left[1 - \exp\left(-\frac{4}{5}\pi\right)\right].$$

最后使用 double() 将符号转换为数值结果.

重积分可以用二次积分方法两次重复使用定积分命令实现符号计算,最简单的是矩形区域的二重积分运算,非矩形区域上的二重积分需要分析首次积分所需的积分限.

【**例 3.9**】 对任意的 R,用符号积分方法计算柱面 $x^2 + y^2 = R^2$ 与柱面 $x^2 + z^2 = R^2$ 所围的立体的体积.

分析:两个半径相等的圆柱面垂直相交所围立体是著名的牟合方盖几何模型(见图 3.8),由于体积 $V = 2\iint\limits_{D}\sqrt{R^2 - x^2}\,\mathrm{d}x\mathrm{d}y$,其中 $D: x^2 + y^2 \leqslant R^2$.只需取 D 的四分之一区域做积分,最后乘以 8 即得体积.

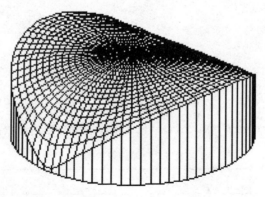

图 3.8　牟合方盖上半部

编写程序文件如下：

```
syms x y R
y0= sqrt(R^2-x^2);
V= 8* int(int('sqrt((R^2-x^2))',y,0,y0),x,0,R)
V0= subs(V,R,1)
r= linspace(0,1,20);
t= linspace(0,2* pi,80);
u= r'* cos(t);v= r'* sin(t);w= sqrt(1+ eps-u.^2);
meshz(u,v,w),colormap([0,0,1])
axis off
view(-46,52)
```

在命令窗口输入 cover 并按【Enter】键运行程序，可得符号表达式及其数值数据．

```
V= 16/3* R^3
V0= 5.3333
```

由符号计算结果知，牟合方盖体积公式为 $V = \dfrac{16}{3}R^3$．

注：牟合方盖几何图形的绘制原理和方法参考第 2 章应用实验部分中"牟合方盖模型"．

3.1.3 其他符号计算

1. 级数求和的符号计算

级数一般形式为 $\sum\limits_{k=1}^{n} S_k$，其中 S_k 是级数的通项，n 可以取无穷大（级数收敛）．
MATLAB 符号计算的求和命令使用格式
$$\text{symsum}(S,k,a,b)$$
其中，S 必须是包含变量 k 的符号表达式，a 和 b 是求和下限与求和上限．

【例 3.10】 用符号计算方法求出有限项级数 $\sum\limits_{k=1}^{n} k$，$\sum\limits_{k=1}^{n} k^2$，$\sum\limits_{k=1}^{n} k^3$ 的求和公式．

```
syms k n
S1= symsum(k,k,1,n);
S2= symsum(k^2,k,1,n);
S3= symsum(k^3,k,1,n);
```

```
S= simplify([S1;S2;S3]);
factor(S)
```

计算结果为

```
ans=
    [                1/2* n* (n+1)]
    [   1/6* n* (n+ 1)* (2* n+1)]
    [          1/4* n^2* (n+1)^2]
```

根据结果显示,得求和公式:

$$\sum_{k=1}^{n} k = \frac{1}{2}n(n+1) \; ; \qquad\qquad \sum_{k=1}^{n} k^2 = \frac{1}{6}n(n+1)(2n+1) \; ;$$

$$\sum_{k=1}^{n} k^3 = \frac{1}{4}n^2(n+1)^2 .$$

【例 3.11】 计算交错级数 $\sum\limits_{k=1}^{\infty}(-1)^{k-1}\dfrac{1}{k}$ 的值.

```
syms k
S= symsum((-1)^(k-1)/k,k,1,inf);S= simple(S)
```

命令中 inf 表示无穷大,化简后的计算结果为

```
S= log(2)
```

根据计算结果,知 $\sum\limits_{k=1}^{\infty}(-1)^{k-1}\dfrac{1}{k} = \ln2.$

2. 函数泰勒级数展开符号计算

一元函数 $f(x)$ 的泰勒级数展开命令格式为

```
taylor(f,n,a)
```

其中,f 为函数表达式,n 确定级数最高项次数为 $n-1$,a 指定函数在某一点展开. 常用方法如表 3.4 所示.

表 3.4   常用泰勒级数展开方法

Taylor(f)	函数 f 的 5 阶麦克劳林多项式逼近
Taylor(f,n)	函数 f 的 $n-1$ 阶麦克劳林多项式逼近
Taylor(f,a)	f 的关于点 a 的泰勒多项式逼近
Taylor(f,x)	对自变量 x 作泰勒级数展开

【例 3.12】 对下列函数进行泰勒级数展开.

(1)e^x 在 $x=0$ 处作 5 阶展开；　　　　(2)$\ln x$ 在 $x=1$ 处作 5 阶展开；

(3)$\sin x$ 在 $x=0$ 处 5 阶展开；　　　　(4)x^t 在 $t=0$ 处作 2 阶展开.

```
syms x t
T1= taylor(exp(-x));
T2= taylor(log(x),6,1);
T3= taylor(sin(x),6);
T4= taylor(x^t,3,t);
[T1;T2;T3;T4]
```

计算结果为

```
ans=
[                    1-x+1/2* x^2-1/6* x^3+1/24* x^4-1/120* x^5]
[  x-1-1/2* (x-1)^2+1/3* (x-1)^3- 1/4* (x-1)^4+ 1/5* (x-1)^5]
[                                    x-1/6* x^3+1/120* x^5]
[                        1+log(x)* t+1/2* log(x)^2* t^2]
```

由上可知

$$e^{-x} \approx 1 - x + \frac{1}{2}x^2 - \frac{1}{6}x^3 + \frac{1}{24}x^4 - \frac{1}{24}x^5;$$

$$\ln x \approx x - 1 - \frac{1}{2}(x-1)^2 + \frac{1}{3}(x-1)^3 - \frac{1}{4}(x-1)^4 + \frac{1}{5}(x-1)^5;$$

$$\sin x \approx x - \frac{1}{6}x^3 + \frac{1}{120}x^5;$$

$$x^t = 1 + (\ln x)t + \frac{1}{2}(\ln x)^2 t^2.$$

【例 3.13】 为了求椭圆积分 $\int_0^{\pi/2} \sqrt{1-e^2\cos^2 t}\,dt$ 的近似表达式，将被积函数用泰勒级数展开三项，然后计算定积分．求最后的近似计算公式.

```
syms t e2 x
f= sqrt(1-e2* x)
F= taylor(f,3,x)
g= subs(F,x,cos(t)^2)
int(g,0,pi/2)
```

计算过程中,先将被积函数中 $\cos^2 t$ 视为中间变量 x 进行泰勒展开,然后再用替换操作将中间变量还原为 $\cos^2 t$. 最后计算结果为

$$\text{ans} = 1/2 * \text{pi} - 1/8 * \text{e2} * \text{pi} - 3/128 * \text{e2}\verb|^|2 * \text{pi}$$

所以,椭圆积分 $\int_0^{\pi/2} \sqrt{1-e^2\cos^2 t}\,dt$ 可以用如下近似计算公式直接计算:

$$\int_0^{\pi/2} \sqrt{1-e^2\cos^2 t}\,dt \approx \frac{\pi}{2}\left(1 - \frac{1}{4}e^2 - \frac{3}{64}e^4\right)$$

注:将近似计算公式和符号积分计算做比较实验,数据如表 3.5 所示.

表 3.5　近似计算数据比较

e^2	0.3	0.4	0.5	0.6	0.7
符号计算	1.445 4	1.399 4	1.350 6	1.298 4	1.241 7
近似计算	1.446 4	1.401 9	1.356 0	1.308 7	1.259 8

程序如下:

```
syms e2 t
f= sqrt(1-e2* cos(t)^2);
S1= inline('1/2* pi- 1/8* E2* pi- 3/128* E2^2* pi');
E2= 0.2;P= [];Q= [];
for k= 1:5
    E2= E2+ .1;
    P= [P,S1(E2)];
    f1= subs(f,e2,E2);
    S= int(f1,0,pi/2);
    Q= [Q,double(S)];
end
[Q;P]
```

3. 常微分方程求解符号计算

符号求解常微分方程命令适用范围较广,可求常微分方程通解,也可求带初始条件的常微分方程特解.值得注意的是,求解常微分方程时,微分方程中所用的导数符号与 MATLAB 的符号微分不同.例如,对于微分方程

$$y'' + 2y' = x,$$

求解命令中用符号 D2y+2Dy＝x 加单引号描述.在常微分方程的符号求解命令中,未知函数的一阶导数用 Dy 表示,二阶导数用 D2y 表示,三阶导数用 D3y 表示.

求解不带初始条件的常微分方程使用格式为：

> dsolve('equ')　或　dsolve('equ','var')

后一命令指定微分方程中未知函数自变量,前一命令不指定自变量(由 MATLAB 自动辨识自变量,通常为 t).这两种使用格式可用于求常微分方程通解.

【例 3.14】　求常微分方程：$\dfrac{\mathrm{d}^2 y}{\mathrm{d}x^2} + 2x = 2y$ 的通解.

> y= dsolve('D2y+ 2* x= 2* y','x')

计算结果为

> y= x+ C1* sinh(2^(1/2)* x)+ C2* cosh(2^(1/2)* x)

所以,微分方程通解为

$$y = x + C_1 \sinh(\sqrt{2}x) + C_2 \cosh(\sqrt{2}x).$$

在常微分方程求解问题中,常常需要求出方程的特解,特解满足初始条件.求解常微分方程时要将初始条件附加到命令格式中去.命令的使用格式为

> dsolve('equ','condition1,condition2,…,conditionN','var')

初始条件的描述用 $\mathrm{D}y(a) = b$ 表示 $y'(a) = b$.

【例 3.15】　求常微分方程：$y' = \dfrac{1}{x^2 + 1} - 2y^2$,满足条件 $y(0) = 0$ 的特解,并绘出解函数的曲线.

用指定变量方式,附加上初始条件

> y= dsolve('Dy= 1/(1+ x^2)- 2* y^2','y(0)= 0','x')
> ezplot(y)

计算结果为

> y= 2* x/(2+ 2* x^2)

所以微分方程的特解为

$$y = \frac{x}{x^2 + 1}.$$

该函数的图形是著名的蛇形曲线,如图 3.9 所示.

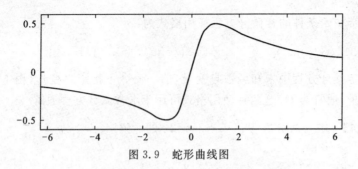

图 3.9　蛇形曲线图

§3.2　定积分数值计算

　　MATLAB 数值计算功能比符号计算强大,一些符号计算无法解决的积分问题,用数值计算可以快速获得数据结果.数值计算的特点是近似,它的优势在于计算的效率和精度.对很多实际问题,能得到一个近似程度较高的数据已经足够.MATLAB 的数值计算定积分方法可以解决大量的定积分计算问题.数值计算 $\int_a^b f(x)\mathrm{d}x$ 的 MATLAB 命令使用格式为

　　　　quad(fun,a,b)

　　在定积分数值计算的算法中最容易理解的是积分和式形式的左矩阵公式和右矩阵公式.使用 quad() 计算积分的效率和精度比左矩形公式(或右矩形公式)的方法精度更高.

　　精度更高的数值计算命令是 quad8(),计算二重积分的数值计算命令为 dblquad(). 但是这个二重积分的数值计算方法只适合于矩形区域上的积分,对于非矩形域上的积分则需要对积分变量做变换才可能计算正确.

　　【例 3.16】　计算积分上限函数 $F(t)=\int_0^t \dfrac{x^3}{\mathrm{e}^x-1}\mathrm{d}x$ 在自变量 t 分别取值为 1,2, 3,4,5 时数值积分,并绘制被积函数与曲边梯形面积的图形.

　　MATLAB 程序如下:

```
f= inline('x.^3./(exp(x)- 1)');
x= .1:.1:5;xx= .1:.1:10;
yy= f(xx);y= f(x);
plot(xx,yy),hold on
fill([x,5],[y,0],'c')
```

```
q(1)= quad(f,eps,1);
for k= 1:4
    line([k,k],[0,f(k)]);
    q(k+ 1)= q(k)+ quad(f,k,k+ 1);
end
q
```

程序运行后,得五个积分近似值(见表 3.6).

表 3.6　积分上限函数的数值计算结果

t	1	2	3	4	5
$F(t)$	0.224 8	1.176 4	2.552 2	3.877 1	4.899 9

图形窗口显示图形如图 3.10 所示.

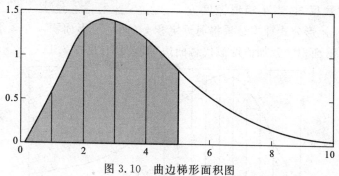

图 3.10　曲边梯形面积图

注:程序中应用了绘平面多边形填充图方法 fill(),使用格式介绍见本章末应用实验平面填充图绘制实验.

【例 3.17】　利用左矩形公式计算定积分 $\int_0^5 \frac{x^3}{e^x-1}dx$,并绘出左矩形公式图形,说明近似计算定积分的原理.

设被积函数为 $f(x)$,取正整数 n,令 $h=5/n, x_k=kh(k=0,1,\cdots,n)$. 左矩形公式实际上是简单的积分和式: $S_1=h\sum_{k=0}^{n-1}f(x_k)$. 编写 MATLAB 函数文件如下:

```
function S= interg(h)
if nargin= = 0,h= .5;end
f= inline('x.^3./(exp(x)-1)');
x= eps:h:5- h;y= f(x);
n= length(x);
```

```
X(1:3:3*n)= x;
X(2:3:3*n)= x;
X(3:3:3*n)= [x(2:n),5];
Y(2:3:3*n)= y;
Y(3:3:3*n)= y;
X= [X,5];Y= [Y,0];
t= eps:0.1:10;u= f(t);
plot(X,Y,'k',t,u,'k','LineWidth',1)
S= sum(y)* h;
```

在 MATLAB 的命令窗口调用函数 interg(),取不同的输入参数运行,数据结果如表 3.7 所示.

观察表中数据知,当小矩形宽度 h

表 3.7　左矩形公式的近似计算结果

h	0.5	0.25	0.1
S	4.680 4	4.792 1	4.857 2

逐次变小时,左矩形公式计算结果将逼近定积分(曲边梯形面积).左矩形公式的几何意义是用左矩形面积的累加值近似代替曲边梯形面积(见图 3.11).

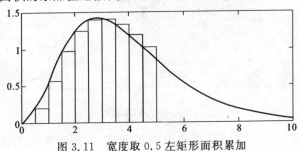

图 3.11　宽度取 0.5 左矩形面积累加

【例 3.18】　考纽(cornu)螺线又被称为**羊角曲线**,其图形与机械钟表的钢片发条的形状相同,其参数方程为

$$\begin{cases} x(s) = \displaystyle\int_0^s \cos \frac{1}{2} at^2 \, \mathrm{d}t \\ y(s) = \displaystyle\int_0^s \sin \frac{1}{2} at^2 \, \mathrm{d}t \end{cases}.$$

由于参数方程是积分上限函数,用右矩形公式计算积分.取 $a=1$,参数变化范围 $0 \leqslant s \leqslant L$,记 $s_k = 0.1k, (k=1,2,\cdots,10L)$. 由参数方程得近似值计算公式

$$\begin{cases} x_k = h \displaystyle\sum_{j=1}^k \cos(0.5 s_j^2) \\ y_k = h \displaystyle\sum_{j=1}^k \sin(0.5 s_j^2) \end{cases}$$

显然,这是数列 $dx_k = h\cos(0.5s_k^2)$ 和 $dy_k = h\sin(0.5s_k^2)$ 逐步累加的结果,再由参数方程知,初值 $x_0 = 0, y_0 = 0$.

```
function cornu(L)
if nargin= = 0,L= 8;end
h= 0.1;s= 0:h:L;
dxk= cos(0.5*s.*s);
dyk= sin(0.5*s.*s);
xk= h* [0,cumsum(dxk)];
yk= h* [0,cumsum(dyk)];
plot(xk,yk,'k',- xk,yk,'k')
```

程序运行结果如图 3.12 所示.

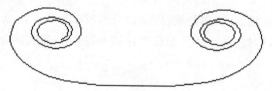

图 3.12　cornu 曲线的对称图形

注:程序中应用了 MATLAB 对数列逐步累加命令 cumsum(),避免了使用循环语句.绘图时利用已有的数据,绘出与 y 轴对称的图形.

§3.3　实 验 范 例

3.3.1　摆线动态演示

半径为 r 的圆在 x 轴上滚动时,圆上定点 P 的运动轨迹称为**普通摆线**.其参数方程为

$$\begin{cases} x = r(t - \sin t) \\ y = r(1 - \cos t) \end{cases}$$

取圆半径 $r = 1$,当 t 在区间 $[0, 4\pi]$ 之间变化时,摆线的图形如图 3.13 所示.

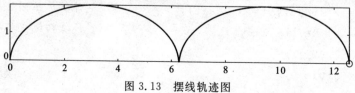

图 3.13　摆线轨迹图

1.实验内容

绘制单位圆在 x 轴上滚动一周过程,动态演示普通摆线产生.先绘出滚动开始之前的单位圆和摆线.按角度旋转过程,逐次绘出变化的圆心位置及单位圆,并标出圆上定点 P 的位置,形成 P 点的运动轨迹.分析圆上定点 P 和圆心相连线段与摆线的关系,及其变化规律.

2.实验目的

了解摆线产生的几何背景;掌握 MATLAB 制作动画的常规方法.理解摆线的数学模型.

3.实验原理

设圆心在圆点的单位圆方程为

$$\begin{cases} x(t) = -\sin t \\ y(t) = -\cos t \end{cases} \quad (0 \leqslant t \leqslant 2\pi)$$

其中角度为顺时针变化,使圆向右滚动.滚动开始时单位圆上定点 P 位于 $(0,0)$ 处,单位圆圆心位于点 $(0,1)$ 处.而滚动开始后单位圆上定点 P 的坐标由摆线方程

$$\begin{aligned} xb &= t - \sin t \\ yb &= 1 - \cos t \end{aligned} \quad (0 \leqslant t \leqslant 2\pi)$$

确定.单位圆的圆心位于点 $(t,1)$ 处,圆的方程为

$$\begin{cases} x = t - \sin \theta \\ y = 1 - \cos \theta \end{cases} \quad (0 \leqslant \theta \leqslant 2\pi)$$

单位圆与摆线轨迹如图 3.14 所示.

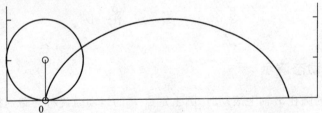

图 3.14 单位圆和摆线

4.实验程序

```
t= linspace(0,2* pi,100);
xt= - sin(t);yt= - cos(t);          % 计算单位圆坐标数据
xb= t+ xt;yb= 1+ yt;                % 计算摆线坐标数据
x0= 0;y0= 1;
x1= 0;y1= 0;
```

```
x= x0+ xt;y= y0+ yt;
figure(1),plot(xb,yb,x,y,[x0,x1],[y0,y1],'ro- ',[- 1,7],[0,0],'k')
axis equal,hold on
pause
xk= x1;yk= y1;
for Ik= 5:5:100
    tk= t(Ik);x0= tk;                           % 确定圆心位置
    x= x0+ xt;y= y0+ yt;                         % 单位圆平移
    x1= x0- sin(tk);y1= y0- cos(tk);            % 计算P点的坐标
    xk= [xk,x1];yk= [yk,y1];                     % 集成数据
    figure(2),plot(xb,yb,'- b',x,y,'g',[xk,x0],[yk,y0],'ro-
    ',[- 1,7.3],[0,0],'k')
    axis equal
    pause(.5)
end
```

5. 实验结果及分析

程序运行演示了单位圆上定点 P，随单位圆滚动产生运动的过程，P 点的轨迹形成摆线. 验证了实验原理的正确性. 演示结束时如图 3.15 所示.

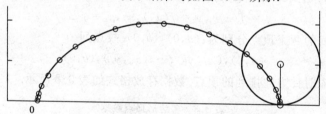

图 3.15　单位圆上定点运动的轨迹

定点 P 再次回到 x 轴上，此时 P 点的坐标是 $(2\pi,0)$，即摆线在 x 轴上投影的长度恰好是单位圆的周长.

6. 实验结论和注记

摆线在一周期内的曲线长度大于滚动圆的圆周长. 圆上定点到圆心相连线段不是摆线的法线，也不是切线. 程序中 (x_0,y_0) 是滚动圆的圆心坐标数据，y_0 始终为 1，而 x_0 不断变化；(x_b,y_b) 是摆线的完整坐标数据，代表 100 个点，(x_k,y_k) 也是摆线坐标数据代表逐步收集到的 20 个点的数据. 利用 (x_b,y_b) 可计算摆线长度数据，也可以计算摆线与 x 轴所围区域的面积. 在程序结束前添加语句

```
dx= diff(xb);dy= diff(yb);
L= sum(sqrt(dx.^2+ dy.^2))
S= polyarea(xb,yb)
```

将得到线长和面积近似值分别为：$L=7.999\ 7$ 和 $S=9.422\ 7$. 这两个数据可以用 MATLAB 的符号计算方法检验.

3.3.2 曲边梯形填充

定积分 $I[f(x)]=\int_a^b f(x)\mathrm{d}x$ 的几何意义是，以 $x=a$ 和 $x=b$ 为侧边，以 x 轴为下底边，函数 $f(x)$ 在区间 $[a,b]$ 上图形（曲线）为顶部所围成的曲边梯形的面积.

1. 实验内容

给定曲线 $y=2-x^2$ 和曲线 $y^3=x^2$，显然曲线的交点为：$P_1(-1,1)$、$P_2(1,1)$. 两曲线围成平面上的一个有限区域，试绘制平面区域的图形，并用定积分计算区域面积.

2. 实验目的

了解 MATLAB 关于平面多边形填充图绘制命令使用方法，以及曲边梯形图形绘制技术.

3. 实验原理

在区间 $[a,b]$ 上取自变量离散数据：$a=x_1,x_2,\cdots,x_n=b$，并计算对应的函数值

$$y_1=f(x_1),y_2=f(x_2),\cdots,y_n=f(x_n)$$

而曲边梯形下底的两个顶点分别为：$(a,0),(b,0)$. 故点列

$$(a,0),(x_1,y_1),\cdots,(x_n,y_n),(b,0)$$

形成多边形按顺时针方向排列的顶点. 数据存放格式如表 3.8 所示.

表 3.8　多边形顶点数据

X	a	x_1	x_2	...	x_n	b
Y	0	y_1	y_2	...	y_n	0

平面多边形填充命令为 fill()，使用格式为

```
fill(X,Y,c)
```

其中，X 为多边形顶点的横坐标数据，Y 为多边形顶点的纵坐标数据. 而参数 c 为填充所用的颜色（在命令中不能缺省）.

4. 实验程序

```
x1= - 1:0.1:1;              % 创建第一条曲线横坐标
```

```
x2= 1:- 0.1:- 1;            % 创建第二条曲线横坐标
y1= x1.^2.^(1/3);           % 计算第一条曲线纵坐标
y2= 2- x2.^2;               % 计算第二条曲线纵坐标
fill([x1,x2],[y1,y2],'c')绘填充图
syms x
fun= 2- x^2- x^(2/3);       % 定义被积函数
S= 2* int(fun,0,1)          % 符号积分运算
```

5. 实验结果及分析

程序运行后在图形窗口输出填充图形(见图 3.16),在命令窗口输出符号积分运算结果.

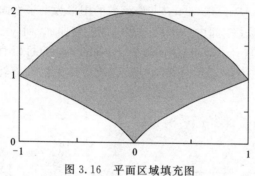

图 3.16 平面区域填充图

符号积分运算的结果为:$S=32/15$. 由此可知,曲线所围图形面积为

$$S = \int_{-1}^{1} (2 - x^2 - \sqrt[3]{x^2})\,\mathrm{d}x = \frac{32}{15}.$$

6. 实验结论和注记

平面填充图形象的表现了定积分几何意义,即曲边梯形面积.

注:(1)程序中按逆时针方向创建多边形顶点坐标数据,第一条曲线对应函数 $y_1 = \sqrt[3]{x^2}$,第二条曲线对应函数 $y_2 = 2 - x^2$.为了使两条曲线首尾相连,第一个函数自变量数据由小变大,第二个函数自变量数据由大变小.

(2)利用平面填充图方法绘定积分对应的曲边梯形图时,除了创建曲线的横坐标数据和纵坐标数据外,还需补充曲边梯形底边的端点坐标.绘制图 3.16 的程序如下:

```
x= 1:0.1:5;xx= 0.1:0.1:10;
yy= f(xx);y= f(x);
fill([1,x,5],[0,y,0],'c'),hold on
plot(xx,yy)
```

3.3.3 旋转曲面绘制

一元函数的几何图形是平面上一条曲线将 $x\text{-}y$ 平面的曲线绕 x 轴旋转产生旋转曲面. 这类曲面可用于模拟鱼雷、飞行物的几何模型.

1. 实验内容

设有一元函数: $y=(2-x)\sqrt{x}$, 当 $x\in[0,2]$ 时, 该函数图形为 $x\text{-}y$ 平面的曲线. 绘制曲线绕 x 轴旋转产生的曲面的几何图形.

2. 实验目的

了解旋转曲面产生的数学原理和用 MATLAB 绘制旋转曲面图形的技术.

3. 实验原理

对于非负函数 $y=f(x),x\in[a,b]$, 该函数的图形为上半平面的一条曲线, 当曲线绕 x 轴旋转时, 便产生了空间中以 x 为对称轴的旋转曲面. 而 $y=f(x)$ 的值恰好是旋转曲面上对应圆圈的半径. MATLAB 命令 cylinder(y,N) 可以直接绘出旋转曲面图形, 但是旋转曲面所在坐标系如图 3.18 所示. 故应该先提取旋转曲面的空间坐标数据, 然后重新绘图. 即:

```
[X,Y,Z]= cylinder(y,N);
mesh(Z,X,Y)
```

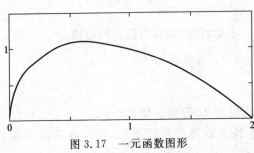

图 3.17　一元函数图形

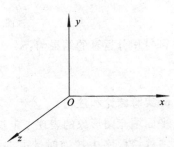

图 3.18　旋转曲面的坐标架

$y=f(x)$ 绕 x 旋转曲面的参数方程为

$$\begin{cases} X=x \\ Y=f(x)\cos\theta \\ Z=f(x)\sin\theta \end{cases}$$

这里, $x\in[a,b],\theta\in[0,2\pi]$.

而 $y=f(x)$ 绕 y 轴旋转曲面的参数方程为

$$\begin{cases} X=x\cos\theta \\ Y=f(x) \\ Z=f(x)\sin\theta \end{cases}$$

此时不可以用 MATLAB 的 cylinder() 命令绘图. 需用上面参数方程计算出旋转曲面的矩阵后, 再用命令 mesh(Z,X,Y) 绘图.

4. 实验程序

首先绘出一元函数 $y=(2-x)\sqrt{x}$ 的曲线图形, 然后用 MATLAB 命令计算出旋转曲面的坐标矩阵数据, 最后绘制旋转曲面的网面图形(见图 3.19). 实验程序如下:

```
function V= rotface(N)
if nargin= = 0,N= 30;end
f2= inline('(sqrt(x).* (2- x)).^2');
xi= linspace(0,2,N);
yi= sqrt(xi).* (2- xi);
figure(1),plot(xi,yi)
[X,Y,Z]= cylinder(yi,N);
figure(2),mesh(Z,X,Y),axis off
colormap([0,0,1])
V= pi* quad(f2,0,2);
```

5. 实验结果及分析

一元函数图形如图 3.19 所示, 利用曲线的数据计算出旋转曲面坐标矩阵数据后绘出的旋转曲面图形如图 3.20 所示.

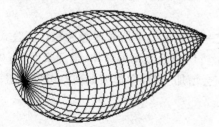
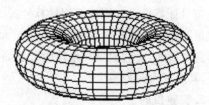

图 3.19　旋转曲面　　　　　　　图 3.20　单位圆旋转的旋转曲面

6. 实验结论和注记

旋转曲面是以不同 $y=f(x)$ 为半径绘出的圆圈, 可以不用参数方程的数学计算, 只用 MATLAB 绘柱面曲面命令就可以计算并成功绘出曲面.

注:(1)在实验程序中如果改用 mesh(X,Y,Z) 命令绘图或直接使用 MATLAB 的柱面绘图命令 cylinder(yi,N) 绘图, 将会得以 $y=f(x)$ 为半径出绕 z 轴旋转曲面图形.

(2)函数 $y=f(x)$ 图形绕 y 轴旋转的一个简单例子是救生圈曲面图形. 即 $x-y$ 平面的单位圆: $x=2+\cos\theta$, $y=\sin\theta$, $\theta\in[0,2\pi]$ 的图形绕 y 轴旋转所产生的旋转曲面如图 3.20 所示. 程序如下:

```
theta= linspace(0,2* pi,20);
x= 2+ cos(theta);
y= sin(theta);
alpha= linspace(0,2* pi,40);
X= x'* sin(alpha);
Y= y'* ones(1,40);
Z= x'* cos(alpha);
mesh(Z,X,Y)
colormap([0 0 0]),axis off
axis equal
```

§3.4 实 验 课 题

3.4.1 通信卫星覆盖地球面积

将一颗地球通信卫星送入运行轨道,该卫星轨道位于地球赤道平面内,卫星运行的角速度与地球自转的角速度相同.当卫星高度 d 的取值不同时,卫星信号对地球覆盖的面积将不同.需计算通信卫星覆盖地球面积的百分比是多少?

1. 实验内容

符号计算导出球冠侧面积计算公式,进一步得出卫星信号覆盖面积计算公式.设通信卫星距地面的最低高度为 $d=10\,000$ km.将地球近似视为球体(半径 $R=6\,400$ km),随着高度增加,通信卫星对地球的覆盖面积会增加.其数学模型如何?考虑覆盖率超过30%,其高度大约为多少?

2. 实验目的

掌握符号计算推导球冠面积计算公式方法,了解通信卫星高度对信号覆盖面积的关系,掌握不同变量对应球冠面积公式之间转换原理.

3. 实验原理

半径为 R 的上半球面为:$z=\sqrt{R^2-x^2-y^2}$.球冠在 $x-y$ 平面投影为半径为 $a(a<R)$ 的圆域:$\Omega=\{(x,y)\,|\,x^2+y^2\leqslant a^2\}$.球冠面积由积分 $A=\iint\limits_{\Omega}\sqrt{1+z_x^2+z_y^2}\,\mathrm{d}x\mathrm{d}y$ 表示.如果已知球冠高度 h,则面积为 $S=2\pi Rh$;如果已知卫星到地球的距离,则有

$$S=2\pi R^2\frac{d}{R+d}.$$

4. 实验程序

5. 实验结果及分析

6. 实验结论和注记

3.4.2　探月卫星的速度计算

2007 年 10 月 24 日 18 时 05 分,中国嫦娥一号探月卫星在西昌卫星发射中心发射升空. 卫星进入初始轨道时,运载火箭提供给卫星在近地点的速度大约为 10.3 km/s. 为了提高卫星速度,中国航天工程师使用了卫星变轨调速技术.

1. 实验内容

在进入地月转移轨道过程中,卫星要进行四次变轨. 第一次变轨卫星由初始轨道进入 16 小时轨道,第二次变轨卫星进入 24 小时轨道,第三次变轨卫星进入 48 小时轨道,第四次变轨卫星进入 116 小时地月转移轨道,具体数据如表 3.9 所示.

表 3.9　探月卫星变轨数据

轨道名称	近地点距离 h	远地点距离 H
初始轨道	200 km	51 000 km
16 小时轨道	600 km	51 000 km
24 小时轨道	600 km	71 400 km
48 小时轨道	600 km	128 000 km
地月转移轨道	600 km	370 000 km

利用五个卫星轨道的近地点距离和远地点距离,分别计算轨道的椭圆长半轴和短半轴,并绘制探月卫星绕地球飞行的轨道模拟图.根据五个轨道的长半轴和短半轴计算出五个轨道上卫星飞行的最大速度,如图 3.21 所示.

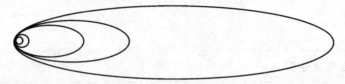

图 3.21　探月卫星变轨示意图

2. 实验目的

了解开普列行星运行定律,掌握椭圆周长和卫星速度计算方法.

3. 实验原理

根据近地点距离和远地点距离分别计算椭圆轨道长半轴、椭圆半焦距、椭圆短半轴

$$a = (h + H + 2R)/2; c = (H - h)/2; b = \sqrt{a^2 - c^2},$$

但是每次变轨成功后,轨道椭圆的半焦距将发生变化.而地球始终都位于椭圆的焦点上,记初始轨道的半焦距为 c_0,其他四个轨道的半焦距为 $c_k (k = 1, 2, 3, 4)$.为了使得五个轨道的椭圆焦点重合,需要做轨道数据的平移变换:$x - (c_k - c_0)$.

根据开普勒第二定律,卫星在单位时间内扫过的面积是一个不变量,在近地点和远地点处单位时间内走过的弧长显然是不一样的.根据每次变轨后的椭圆面积计算出每秒扫过的小面积,根据小面积计算出弧长近似值.卫星近地点(或远地点)速度计算可以使用近似计算方法,即用三角形边代替弧长.

4. 实验程序

5. 实验结果及分析

6. 实验结论和注记

思考与复习题三

1. 定积分符号计算与定积分数值计算有何不同?

2. 用符号计算和数值计算方法分别计算定积分 $\int_{0}^{2} \exp(-x^2)\mathrm{d}x$.

3. 用符号计算方法求函数 $f(x) = x\sin x$ 的导数.

4. 用符号计算方法对函数 $f(x) = \cos x^2$ 做泰勒级数展开.

5. 旋转曲面的面积计算公式如何构造?

6. 用符号表达式定义: $f_1 = x^2 + y^2 - 1$, $f_2 = x^4 + y^4 - 1$, $f_3 = x^6 + y^6 - 1$, 并用 ezplot() 命令绘图. 试说明方程 $x^{2n} + y^{2n} = 1$ ($n = 1, 2, 3, \cdots$) 随 n 增大, 它们的图形如何变化.

7. 写出曲线 $y = f(x)$ 绕 y 轴旋转的旋转曲面方程.

8. 选取一个函数, 例如 $\sin x$, 绘出它的图形; 进一步分别绘出该图形绕 x 轴旋转和绕 y 轴旋转所产生的图形.

9. 用符号计算求摆线的曲率和曲率半径.

10. 设计实验, 绘制摆线及其曲率圆心的轨迹(渐屈线).

11. 符号计算方法求解常微分方程边值问题:

(1) $y^{(3)} = 0$, $y(0) = 1$, $y(1) = 0$, $y(2) = 0$;

(2) $y^{(3)} = 0$, $y(0) = 0$, $y(1) = 1$, $y(2) = 0$;

(3) $y^{(3)} = 0$, $y(0) = 0$, $y(1) = 0$, $y(2) = 1$.

12. 用符号计算方法求解谐振动方程 $y'' + k^2 y = 0$ 和强迫振动方程 $y'' + y = \sin x$.

13. 绘函数 $f(x) = x^3 - x^2 - x + 1$ 曲线, 并在曲线上标出零点、极值点和拐点.

14. 一段铁路 AB 长 100 km, B 点是铁路货运站. 工厂 C 距 A 处 20 km. 为了修筑连接铁路和工厂之间的公路, 现要寻求 AB 上的点 D, 设 D 距 A 为 x. 已知铁路每千米货运费与公路每千米货运费之比为 3:5, 为了使货物从货运站 B 运到工厂 C 的运费最省, 问 D 点应选在何处. 建立求解这一问题的数学模型, 根据已有的数据, 用数学软件求解, 并进一步考虑运费比变化.

15. 求抛物线 $y = x^2$ 在点 $x = 0, 0.25, 0.5$, 处的曲率 k, 并绘抛物线和曲率圆.

16. 在 MATLAB 命令窗口中键入命令 syms x, y1 = sqrt(x); y2 = x^2; int(y1 − y2, x, 0, 1), 屏幕显示的结果是多少?

17. MATLAB 命令 syms x, s1 = int(x^2 − x^3 + x^4, 0, 1), 计算结果为多少?

18. 设计并编写函数文件, 模拟中国嫦娥卫星运行并飞往月球的动态过程.

19. 从因特网上查找中国神舟六号资料, 设计实验计算中国航天员的飞行航程并与资料中数据对比.

20. 从因特网上查找成都、昆明、海口、广州、杭州的经纬度数据, 设计旅游路线. 首先计算出五大城市之间距离, 然后确定从成都飞往五城市中最近和最远的城市距离. 设计一条旅游线路, 使总航程最短.

第4章　线性代数实验

线性代数问题来源于广泛的工程应用以及典型数学的问题研究,矩阵作为一种数学工具已为现代工程师普遍使用.在应用中要解决一般线性代数方程组求解问题,还要解决超定方程组求解问题.本章介绍 MATLAB 的线性方程组求解方法、矩阵的特征值问题计算方法以及数据拟合方法.

§4.1　线性方程组求解

一般线性方程组是系数矩阵为方阵的方程组

$$\begin{pmatrix} a_{11} & a_{12} & \cdots & a_{1n} \\ a_{21} & a_{22} & \cdots & a_{2n} \\ \vdots & \vdots & & \vdots \\ a_{n1} & a_{n2} & \cdots & a_{nn} \end{pmatrix} \begin{pmatrix} x_1 \\ x_2 \\ \vdots \\ x_n \end{pmatrix} = \begin{pmatrix} b_1 \\ b_2 \\ \vdots \\ b_n \end{pmatrix}$$

简记为

$$A\,x = b$$

这里,A 是 n 阶方阵,b 是 n 维已知向量,x 是 n 维未知向量.MATLAB 求解一般线性方程组方法是反斜杠"\"命令,使用格式为

$$x = A\backslash b$$

在使用这一命令之前应正确输入矩阵 A 和列向量 b.当 A 不是方阵时,要求 A 的行数和 b 的维数相等.

【例4.1】　小行星轨道问题.天文学家要确定一颗小行星绕太阳运行的轨道,在轨道平面内建立以太阳为原点的直角坐标系,在两坐标轴上取天文测量单位(一天文单位为地球到太阳的平均距离:9300 万英里).在五个不同时间点对小行星作观察,测得轨道上五个点坐标数据如表 4.1 所示.

表 4.1　小行星观测数据

x	4.559 6	5.081 6	5.554 6	5.963 6	6.275 6
y	0.814 5	1.368 5	1.989 5	2.692 5	3.526 5

由开普勒第一定律知,小行星轨道为一椭圆,设方程为

$$a_1x^2+2a_2xy+a_3y^2+2a_4x+2a_5y+1=0,$$

试确定椭圆方程并在轨道平面内以太阳为原点绘出椭圆曲线.

分析:二次曲线方程有五个待定系数:a_1,a_2,a_3,a_4,a_5.将观察所得的五个坐标数据$(x_j,y_j)(j=1,2,\cdots,5)$代入二次曲线方程,列出线性方程组

$$\begin{cases} a_1x_1^2+2a_2x_1y_1+a_3y_1^2+2a_4x_1+2a_5y_1=-1 \\ a_1x_2^2+2a_2x_2y_2+a_3y_2^2+2a_4x_2+2a_5y_2=-1 \\ a_1x_3^2+2a_2x_3y_3+a_3y_3^2+2a_4x_3+2a_5y_3=-1, \\ a_1x_4^2+2a_2x_4y_4+a_3y_4^2+2a_4x_4+2a_5y_4=-1 \\ a_1x_5^2+2a_2x_5y_5+a_3y_5^2+2a_4x_5+2a_5y_5=-1 \end{cases}$$

求解该方程组得椭圆方程系数:$[a_1,a_2,a_3,a_4,a_5]$.创建符号表达式

fun＝a1 * x^2+2 * a2 * x * y+a3 * y^2+2 * a4 * x+2 * a5 * y+1

表示二次曲线方程,用五阶线性方程组的解替换符号表达式中的系数,最后用 ezplot()命令绘制二元函数的图形,如图 4.1 所示.MATLAB 程序如下

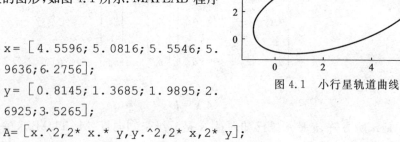

图 4.1 小行星轨道曲线

```
x= [4.5596;5.0816;5.5546;5.9636;6.2756];
y= [0.8145;1.3685;1.9895;2.6925;3.5265];
A= [x.^2,2* x.* y,y.^2,2* x,2* y];
b= - [1;1;1;1;1];
Z= A\b
a1= Z(1);a2= Z(2);a3= Z(3);a4= Z(4);a5= Z(5);
syms xy
fun= a1* x^2+ 2* a2* x* y+ a3* y^2+ 2* a4* x+ 2* a5* y+ 1;
ezplot(fun,[- 1.4,7,- 1.5,6.5])
```

运行程序后根据所得计算结果,写出二次曲线方程中的各项系数为

$$a_1=-0.3378,\quad a_2=0.1892,\quad a_3=0.3818,\quad a_4=0.4609,\quad a_5=0.4104.$$

【例 4.2】 应用坐标平移变换和正交变换将例 4.1 中的二次曲线方程化为标准方程,绘椭圆轨道图,并做小行星运行的动态模拟.

分析:将椭圆的一般方程写成矩阵形式

$$(x \quad y)\begin{bmatrix} a_1 & a_2 \\ a_2 & a_3 \end{bmatrix}\begin{pmatrix} x \\ y \end{pmatrix} + 2(x \quad y)\begin{pmatrix} a_4 \\ a_5 \end{pmatrix} + 1 = 0,$$

通过变量变换(平移变换和旋转变换)化为椭圆标准方程. 先消去一次项, 然后将二次型化为标准型. 为了用平移变换消去一次项, 令 $x = x_0 + \xi, y = y_0 + \eta$ (x_0, y_0 待定), 代入方程整理, 得

$$(\xi \quad \eta)\begin{bmatrix} a_1 & a_2 \\ a_2 & a_3 \end{bmatrix}\begin{pmatrix} \xi \\ \eta \end{pmatrix} + 2(\xi \quad \eta)\begin{bmatrix} a_1 & a_2 \\ a_2 & a_3 \end{bmatrix}\begin{pmatrix} x_0 \\ y_0 \end{pmatrix} + 2(\xi \quad \eta)\begin{pmatrix} a_4 \\ a_5 \end{pmatrix} + F = 0,$$

其中, $F = a_1 x_0{}^2 + 2a_2 x_0 y_0 + a_3 y_0{}^2 + 2a_4 x_0 + 2a_5 y_0 + 1$. 消去一次项, 只须选择 x_0, y_0 使满足二阶线性方程组

$$\begin{bmatrix} a_1 & a_2 \\ a_2 & a_3 \end{bmatrix}\begin{pmatrix} x_0 \\ y_0 \end{pmatrix} + \begin{pmatrix} a_4 \\ a_5 \end{pmatrix} = 0,$$

将 x_0, y_0 代入椭圆的一般方程, 得

$$(\xi \quad \eta)\begin{bmatrix} a_1 & a_2 \\ a_2 & a_3 \end{bmatrix}\begin{pmatrix} \xi \\ \eta \end{pmatrix} + F = 0,$$

令

$$C = \begin{bmatrix} a_1 & a_2 \\ a_2 & a_3 \end{bmatrix}.$$

求出特征值 λ_1, λ_2 及其对应的特征向量 $\boldsymbol{\alpha}_1, \boldsymbol{\alpha}_2$. 可以取与 $\boldsymbol{\alpha}_1, \boldsymbol{\alpha}_2$ 等价的正交单位向量 $\boldsymbol{\beta}_1, \boldsymbol{\beta}_2$. 构造正交矩阵 $\boldsymbol{Q} = (\boldsymbol{\beta}_1 \quad \boldsymbol{\beta}_2)$, 利用正交变换

$$\begin{pmatrix} \xi \\ \eta \end{pmatrix} = \boldsymbol{Q}\begin{pmatrix} u \\ v \end{pmatrix}$$

得椭圆的标准方程 $\lambda_1 u^2 + \lambda_2 v^2 + F = 0$. 椭圆长半轴和短半轴分别为

$$a = \sqrt{-F/\lambda_1}, \qquad b = \sqrt{-F/\lambda_2}.$$

MATLAB 程序如下:

```
x= [4.5596;5.0816;5.5546;5.9636;6.2756];
y= [0.8145;1.3685;1.9895;2.6925;3.5265];
A=[x.^2,2* x.* y,y.^2,2* x,2* y];
b= - [1;1;1;1;1];ak= A\b;
C=[ak(1),ak(2);ak(2),ak(3)];
X= - C\[ak(4);ak(5)];
x0= X(1);y0= X(2);X= [X;1];
D=[ak(1),ak(2),ak(4);ak(2),ak(3),ak(5);ak(4),ak(5),1];
F= X'* D* X;
```

```
[U d]= eig(C);
a= sqrt(- F/d(1,1));b= sqrt(- F/d(2,2));
t= 2* pi* (0:5000)/5000;
u= a* cos(t);v= b* sin(t);
V= U* [u;v];
x1= V(1,:)+ x0;y1= V(2,:)+ y0;
plot(x1,y1,x,y,'* ',x0,y0,'rO'),hold on
x2= [x1,x1,x1];y2= [y1,y1,y1];
comet(x2,y2)
disp([x0,y0])
disp([a,b])
```

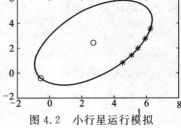

图 4.2 小行星运行模拟

程序运行后,将绘出模拟行星运动的动态图形,如图 4.2 所示,根据计算所得椭圆中心坐标和椭圆长半轴、短半轴计算结果分别为

$$(x_0,y_0)=(2.7213,\ 2.4234),$$
$$a=4.379\ 9,\quad b=2.429\ 9.$$

故椭圆标准方程为

$$\frac{x^2}{4.379\ 9^2}+\frac{y^2}{2.429\ 9^2}=1.$$

注:程序中用参数方程:$u=a\cos t,v=b\sin t,(0\leqslant t\leqslant 2\pi)$ 计算椭圆上离散点,点越多最后的模拟动态的动点运动越慢.图中,"＊"表示观测数据点,可见观测点恰好在所绘椭圆轨道上.

§4.2 矩阵特征值问题计算

设 A 是 n 阶方阵,求数 λ 和非零列向量 $\boldsymbol{\alpha}$ 使得

$$A\boldsymbol{\alpha}=\lambda\boldsymbol{\alpha}.$$

该问题称为**矩阵特征值问题**.其中,数 λ 是方阵 A 的特征值,非零列向量 $\boldsymbol{\alpha}$ 为方阵 A 的属于特征值 λ 的特征向量.MATLAB 的求解特征值问题命令是 eig(),命令使用格式有如下两种:

```
D= eig(A)
[P,D]= eig(A)
```

第一种格式只求出 A 的特征值并赋值给变量 D,D 是 n 个特征值组成的列向量;第二

种格式同时求特征向量和特征值, P 是由 n 个特征向量按 n 个列组成的矩阵, D 是 n 个特征值组成的对角矩阵.

【例 4.3】　汽车租赁公司的车辆分布问题. 在仅有两个城市 A 城和 B 城的海岛上, 有一家汽车租赁公司, 该公司在 A 城和 B 城分别设有营业部. 如果在周一早上 A 城有 120 辆可出租的汽车, 而 B 城有 150 辆. 运营的统计数据表明, 平均每天 A 城营业部可出租汽车的 10% 由顾客租用开到 B 城, B 城营业部中可出租汽车的 12% 开到了 A 城. 假设所有汽车都保持正常状态, 试计算一周后两城的汽车数量. 是否有可行方案使得每天汽车正常流动而 A 城和 B 城的汽车数量不增不减.

分析: 公司有可出租汽车 270 辆, 分配给 A 城和 B 城运营. 设第 n 天 A 城营业部可出租汽车数为 $x_1^{(n)}$, B 城营业部可出租汽车数为 $x_2^{(n)}$. 根据运营的数据统计规律, 有

$$\begin{pmatrix} x_1^{(n+1)} \\ x_2^{(n+1)} \end{pmatrix} = \begin{pmatrix} 0.9 & 0.12 \\ 0.1 & 0.88 \end{pmatrix} \begin{pmatrix} x_1^{(n)} \\ x_2^{(n)} \end{pmatrix},$$

令 $p=0.1, q=0.12$, 则矩阵为

$$A = \begin{pmatrix} 1-p & q \\ p & 1-q \end{pmatrix}.$$

由于 A 有特征值 $\lambda_1 = 1, \lambda_2 = 1-p-q$. 特征向量 $\boldsymbol{\alpha}_1 = (q\ p)^{\mathrm{T}}$, $\boldsymbol{\alpha}_2 = (-1\ 1)^{\mathrm{T}}$, 故 A 城和 B 城在周一时的汽车数量 $\boldsymbol{x}_0 = (120\ 150)^{\mathrm{T}}$ 可被 $\boldsymbol{\alpha}_1$ 和 $\boldsymbol{\alpha}_2$ 线性表出. 即存在不全为零的数 c_1, c_2 使得

$$\boldsymbol{x}_0 = c_1 \boldsymbol{\alpha}_1 + c_2 \boldsymbol{\alpha}_2.$$

第 n 天后两城的汽车数量分布为

$$\boldsymbol{x}_n = A^n \boldsymbol{x}_0 = A^n(c_1 \boldsymbol{\alpha}_1 + c_2 \boldsymbol{\alpha}_2) = c_1 \lambda_1^n \boldsymbol{\alpha}_1 + c_2 \lambda_2^n \boldsymbol{\alpha}_2.$$

由于 $\lambda_1 = 1$, 如果直接取 $\boldsymbol{x}_0 = c_1 \boldsymbol{\alpha}_1$, 则有

$$\boldsymbol{x}_n = A^n \boldsymbol{x}_0 = A^n(c_1 \boldsymbol{\alpha}_1) = c_1 \lambda_1^n \boldsymbol{\alpha}_1 = c_1 \boldsymbol{\alpha}_1.$$

故只需将公司所有汽车按特征向量 $\boldsymbol{\alpha}_1$ 的比例分配给 A 城和 B 城, 就可以使得每天汽车正常流动而 A 城和 B 城的汽车数量不增不减. MATLAB 程序如下:

```
X= [120;150];
p= 0.1;q= 0.12;
A= [1- p,q;p 1- q];
Cars= X;
for k= 1:6
    X= A* X;
    Cars= [Cars,X];
end
```

```
Cars
figure(1),bar(Cars(1,:))
figure(2),bar(Cars(2,:))
alpha= [q;p];
R= alpha/sum(alpha);
X0= R* 270;Taxs= X0;
for k= 1:6
    X0= A* X0;
    Taxs= [Taxs,X0];
end
Taxs
figure(3),bar(Taxs(1,:))
figure(4),bar(Taxs(2,:))
```

程序运行后,显示出一周内 A、B 两城可出租汽车数量分布的条形图,如图 4.3 和图 4.4 所示.

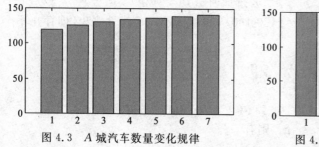
图 4.3 A 城汽车数量变化规律

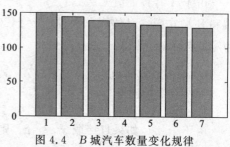
图 4.4 B 城汽车数量变化规律

公司所有汽车 270 辆按特征向量 $\boldsymbol{\alpha}_1$ 的比例分配给 A 城和 B 城,得一周内 A、B 两城可出租汽车数量分布,如表 4.2 所示.

表 4.2 两城市汽车数量变化情况

A 城	147.00	147.06	147.10	147.14	147.17	147.19	147.21
B 城	123.00	122.94	122.89	122.85	122.82	122.80	122.78

两城市可出租汽车数量的条形图分别绘制如下(见图 4.5 和图 4.6):

调整方案为将 A 城与 B 城可出租汽车数量分别取为

$$x_1 = 147, \quad x_2 = 123,$$

则两城市的可出租汽车数量在以后每天运营过程中基本不再发生变化.

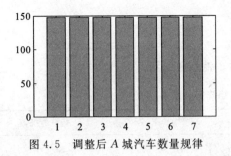

图 4.5 调整后 A 城汽车数量规律

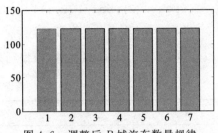

图 4.6 调整后 B 城汽车数量规律

【例 4.4】 莱斯利矩阵模型用于预测单种群生物数量增长.例如某种昆虫按年龄分为三个组,第一组为幼虫(不产卵),第二组每个成虫在一周内平均产卵 100 个,第三组每个成虫在一周内平均产卵 150 个.每个卵的成活率为 0.09,第一组和第二组的昆虫能顺利进入下一个成虫组的存活率分别为 0.1 和 0.2.现有三组昆虫各 100 只,试计算第 30 周和第 31 周昆虫数量,分析这两周昆虫数量增长率是否与莱斯利矩阵特征值有关.

分析:将三组昆虫在第 k 周数量分别记为 $x_1^{(k)}$,$x_2^{(k)}$,$x_3^{(k)}$,根据成活率和生长周期有如下关系:

$$x_1^{(k+1)} = 0.09(100x_2^{(k)} + 150x_3^{(k)}),$$
$$x_2^{(k+1)} = 0.1x_1^{(k)},$$
$$x_3^{(k+1)} = 0.2x_2^{(k)}.$$

令 $\boldsymbol{x}^{(k)} = (x_1^{(k)}\ x_2^{(k)}\ x_3^{(k)})^{\mathrm{T}}$,有数学模型

$$\boldsymbol{x}^{(k+1)} = \boldsymbol{A}\boldsymbol{x}^{(k)},(k = 0,1,2,\cdots),$$

其中 $\boldsymbol{A}$ 称为莱斯利矩阵

$$\boldsymbol{A} = \begin{pmatrix} 0 & 9 & 13.5 \\ 0.1 & 0 & 0 \\ 0 & 0.2 & 0 \end{pmatrix}.$$

实验程序如下:

```
function  X= insect(n)
if nargin= = 0,n= 30;end
L= [0 9 13.5;0.1 0 0;0 0.2 0];
X= [100;100;100];P= X;
for k= 1:n
    X= L* X;P= [P,X];
end
lamda= eig(L);max(lamda)
figure(1),bar(P(1,:))
```

```
figure(2),bar(P(2,:))
figure(3),bar(P(3,:))
```

以 $n = 30$ 和 $n = 31$ 做实验,数据结果如表 4.3 所示.

表 4.3　莱斯利矩阵实验结果

$x^{(30)}$	$x^{(31)}$	增长率	矩阵特征值
9104.97	9771.03	1.07	1.07
848.48	910.50	1.07	-0.73
158.12	169.70	1.07	-0.35

数据结果表明,第 30 周以后,昆虫数量的增长率恰好矩阵的最大特征值. 由此可知,第 30 周以后,昆虫数量的分布向量恰好是莱斯利矩阵的特征向量.

【例 4.5】 设矩阵 $A = \begin{pmatrix} 0.9 & 0.4 \\ 0.4 & 0.9 \end{pmatrix}$ 对称正定,A 的特征值为 λ_1, λ_2,绘图验证:线性变换 $\begin{pmatrix} u \\ v \end{pmatrix} = A \begin{pmatrix} x \\ y \end{pmatrix}$ 将单位圆 $x^2 + y^2 = 1$ 的变换为椭圆 $\dfrac{u^2}{\lambda_1^2} + \dfrac{v^2}{\lambda_2^2} = 1$

分析:由线性变换的表达式解出 x 和 y,代入单位圆方程,便可知新方程的图形是椭圆. 由于线性变换将单位圆的圆心变换为椭圆的中心,故只需计算出椭圆到坐标原点的距离的最大值和最小值,然后对比矩阵 A 的两个特征值就可以验证本题结论.

设计 MATLAB 程序如下:

```
t= 2* pi* (0:60)/60;
x= cos(t);y= sin(t);
figure(1)
plot(x,y,0,0,'o'),axis equal
A= [0.9,0.4;0.4,0.9];
z= A* [x;y];
u= z(1,:);v= z(2,:);
figure(2),plot(u,v,0,0,'o')
Dmax= max(sqrt(u.^2+ v.^2))
Dmin= min(sqrt(u.^2+ v.^2))
lamda= eig(A)
```

程序运行后,得计算结果:

```
Dmax= 1.2985,Dmin= 0.5039
```

```
lamda=
    0.5000
    1.3000
```

绘出单位圆图形和线性变换后的图形如图 4.7 和图 4.8 所示.

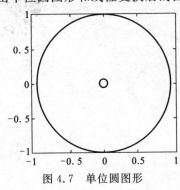

图 4.7　单位圆图形

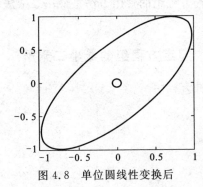

图 4.8　单位圆线性变换后

注: 将单位圆方程写成矩阵形式

$$(x \quad y)\begin{pmatrix} 1 & 0 \\ 0 & 1 \end{pmatrix}\begin{pmatrix} x \\ y \end{pmatrix} = 1.$$

将线性变换变形后的表达式 $\begin{pmatrix} x \\ y \end{pmatrix} = \boldsymbol{A}^{-1}\begin{pmatrix} u \\ v \end{pmatrix}$ 代入单位圆方程,得

$$(u \quad v)(\boldsymbol{A}^{-1})^2\begin{pmatrix} u \\ v \end{pmatrix} = 1,$$

设 $\boldsymbol{A}$ 有特征值 λ_1 和 λ_2,对应的特征向量为 $\boldsymbol{\alpha}_1,\boldsymbol{\alpha}_2$,由于 $\boldsymbol{A}^{-1}$ 的特征值为 $1/\lambda_1,1/\lambda_2$,对应的特征向量仍然为 $\boldsymbol{\alpha}_1,\boldsymbol{\alpha}_2$. 令 $\begin{pmatrix} u \\ v \end{pmatrix} = (\boldsymbol{\alpha}_1 \quad \boldsymbol{\alpha}_2)\begin{pmatrix} \xi \\ \eta \end{pmatrix}$,则方程再次变换为

$$\frac{\xi^2}{\lambda_1^2} + \frac{\eta^2}{\lambda_2^2} = 1.$$

由此可知,单位圆在该线性变换下的图形是椭圆,该椭圆的长半轴和短半轴分别是矩阵 $\boldsymbol{A}$ 的最大特征值和最小特征值.

§4.3　数 据 拟 合

数据拟合的最小二乘法起源于天文学中对行星(或慧星)的轨道计算. 1795 年,数学家高斯在计算行星的椭圆轨道时提出并使用了这种方法. 其原理可叙述如下:行星在其轨道平面上的方程

$$a_1 x^2 + 2a_2 xy + a_3 y^2 + 2a_4 x + 2a_5 y + 1 = 0$$

需要由五个参数确定. 只要对行星的位置作 5 次观测就足以确定它的整个轨迹方程. 但由于测量误差, 由 5 次观测所确定的轨迹极不可靠, 而多次观测的次数超过五次后, 出现冗余信息. 所列出的方程组数量超过了未知数的个数 (称为超定方程组), 求解这一类线性方程组的常用方法是最小二乘法. 利用最小二乘法可得出更为准确的轨迹参数数据.

4.3.1 超定方程组的最小二乘解

线性方程组

$$\begin{bmatrix} a_{11} & a_{12} & \cdots & a_{1n} \\ a_{21} & a_{22} & \cdots & a_{2n} \\ \vdots & \vdots & & \vdots \\ a_{m1} & a_{m2} & \cdots & a_{mn} \end{bmatrix} \begin{bmatrix} x_1 \\ x_2 \\ \vdots \\ x_n \end{bmatrix} = \begin{bmatrix} b_1 \\ b_2 \\ \vdots \\ b_m \end{bmatrix}$$

的系数矩阵行数 m 大于列数 $n(m > n)$, 称为**超定方程组**. 通常情况下, 超定方程组不存在经典意义下的解 (使得 m 个等式成为恒等式). 将方程组写成矩阵形式

$$Ax = b,$$

称 $R = b - Ax$ 为**残差向量**, 使残差向量的模为最小的向量 $x = (x_1, x_2, \cdots, x_n)^T$, 称为超定方程组的**最小二乘解**.

MATLAB 求解超定方程组的方法和一般线性方程组方法一样, 使用

$$x = A \backslash b$$

可得到超定方程的最小二乘解.

【**例 4.6**】 已知超定方程组

$$\begin{bmatrix} 2 & 4 \\ 3 & -5 \\ 1 & 2 \\ 4 & 2 \end{bmatrix} \begin{pmatrix} x \\ y \end{pmatrix} = \begin{pmatrix} 11 \\ 3 \\ 6 \\ 14 \end{pmatrix},$$

求方程组的最小二乘解以及残差平方和.

在 MATLAB 命令窗口中直接计算:

```
A=[2,4;3,-5;1,2;4,2];
b=[11;3;6;14];X=A\b
R=b-A*X;S=R'*R
```

计算结果为

```
X=
    2.9774
    1.2259
S=
    0.5154
```

所以,方程组的最小二乘解为:$x = 2.9774$,$y = 1.2259$.残差平方和为:$S = 0.5154$.

【**例 4.7**】 已知小行星位置的 10 个观测点数据如表 4.4 所示.

表 4.4　小行星轨道坐标数据

x	1.02	0.95	0.87	0.77	0.67	0.56	0.44	0.30	0.16	0.01
y	0.39	0.32	0.27	0.22	0.18	0.15	0.13	0.12	0.13	0.15

利用最小二乘法确定行星的轨道方程

$$a_1 x^2 + 2a_2 xy + a_3 y^2 + 2a_4 x + 2a_5 y + 1 = 0.$$

计算残差平方和,以及轨道的椭圆中心和长半轴短半轴,并绘出椭圆曲线,如图 4.9 所示.

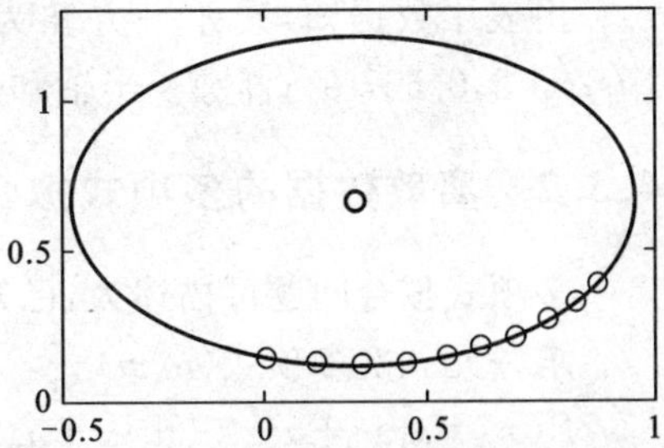

分析:将 10 个观察点的坐标数据代入轨道方程,得 10 个等式.由于二次曲线方程共有 5 个待定系数,所列的线性方程组是超定方程组. MATLAB 程序如下:

图 4.9　最小二乘法确定行星的轨道

```
x= [1.02;0.95;0.87;0.77;0.67;0.
56;0.44;0.30;0.16;0.01];
y= [0.39;0.32;0.27;0.22;0.18;0.15;0.13;0.12;0.13;0.15];
A= [x.^2,2* x.* y,y.^2,2* x,2* y];
b= - ones(10,1);
ak= A\b;
R= b- A* ak;
S= R'* R
C= [ak(1),ak(2);ak(2),ak(3)];
X= - C\[ak(4);ak(5)];
x0= X(1);y0= X(2);X= [X;1];
D= [ak(1),ak(2),ak(4);ak(2),ak(3),ak(5);ak(4),ak(5),1];
F= X'* D* X;
[U d]= eig(C);
```

```
a= sqrt(- F/d(1,1));b= sqrt(- F/d(2,2));
t= 2* pi* (0:100)/100;
u= a* cos(t);v= b* sin(t);
V= U* [u;v];
x1= V(1,:)+ x0;y1= V(2,:)+ y0;
plot(x1,y1,x,y,'o',x0,y0,'rO')
axis([- .6,1.2,0,1.3])
disp([x0,y0])
disp([a,b])
```

程序运行结果输出数据如表 4.5 所示.

表 4.5　行星轨道数据拟合实验结果

残差平方和	(x_0,y_0)	长半轴	短半轴
7.718 1e−004	(0.285 2,0.667 8)	0.854 9	0.546 2

由表中数据知,残差平方和为 $S=7.718\ 1\times10^{-4}$;椭圆中心坐标为 $(x_0,y_0)=(0.285\ 2,0.667\ 8)$;椭圆长半轴和短半轴分别为 $a=0.854\ 9,b=0.546\ 2$.

4.3.2　离散数据的多项式拟合

多项式拟合问题可描述为,已知离散数据表,如表 4.6 所示.
求一元 n 次多项式 $(n\langle m)$

$$P(x)=a_1x^n+a_2x^{n-1}+\cdots+a_nx+a_{n+1}$$

使得

表 4.6　离散数据表

x	x_1	x_2	$\cdots$	x_m
$f(x)$	y_1	y_2	$\cdots$	y_m

$$S(a_1,\cdots,a_{n+1}) = \sum_{j=1}^{m}\left[y_j - P(x_j)\right]^2$$

取最小值. 这时,称 $P(x)$ 为**多项式拟合函数**. 多项式拟合的数学原理是解超定方程组的最小二乘法,残差平方和为 $S(a_1,a_2,\cdots,a_{n+1})$.

MATLAB 求多项式拟合命令使用格式如下

```
P= polyfit(x,y,n)
```

这里,x 和 y 是两个一维数组(要求元素个数一致),分别表示离散数据表中的第一行和第二行,参数 n 是一个确定的正整数(例如取 $1,2$ 或 3),表示拟合多项式的最高项次数. 而输出变量 P 是具有 $(n+1)$ 个数的一维数组,它表示拟合多项式 $P(x)$ 的系数. 与多项式拟合命令配合使用的另一个命令是

```
Y= polyval(P,X)
```

它用于计算多项式函数值.其中,P 表示多项式的系数(按多项式降幂排列次序),X 是自变量取值(可以是一组值),Y 是多项式在自变量 X 处的函数值.

【例 4.8】　已知我国近五年参加高考人数(万)如表 4.7 所示.

表 4.7　参加高考人数

年份	2008	2009	2010	2011	2012
人数	1 050	1 020	957	933	900

根据数据求一次多项式和三次多项式拟合函数,分别计算残差并绘制拟合曲线.

MATLAB 程序如下:

```
t= 2008:2012;y= [1050,1020,957,933,900];
P1= polyfit(t,y,1)
P2= polyfit(t,y,3)
Y1= polyval(P1,t);Y2= polyval(P2,t);
R1= norm(y- Y1);R2= norm(y- Y2);
figure(1),plot(t,y,'ko',t,Y1,'k')
tk= linspace(2007,2013,30);
Yk= polyval(P2,tk);
figure(2),plot(t,y,'ko',tk,Yk,'k')
```

程序运行后,得计算结果如表 4.8 所示.

表 4.8　高考人数实验结果

一次多项式系数	$-3.870\,0e+001$	$7.875\,9e+004$		
二次多项式系数	$2.000\,0e+000$	$-1.205\,8e+004$	$2.423\,1e+007$	$-1.623\,2e+010$
一次多项式残差	$18.468\,9$			
二次多项式残差	$14.342\,7$			

离散数据点的一次拟合多项式和三次拟合多项式分别为
$$P_1(t)=-38.7t+78\,759;$$
$$P_3(t)=2t^3-12\,058t^2+(2.423\,1\times10^7)t-1.623\,2\times10^{10}.$$

两个拟合函数的残差向量模分别为 $R_1=18.468\,9$,$R_2=14.342\,7$.

观察图 4.10 和图 4.11 可知,一次多项式拟合的结论是高考人数会直线下降,而三次多项式拟合的结论却是下降后可能回升.

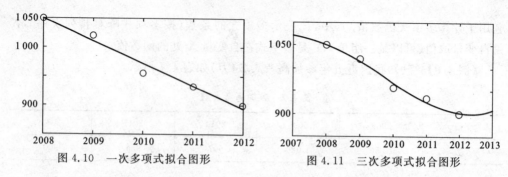

图 4.10　一次多项式拟合图形　　　　图 4.11　三次多项式拟合图形

【例 4.9】 联合国人口基金会 1999 年公布的统计数字展示了全球人口增长的历程，1804 年世界人口只有 10 亿，进入 20 世纪后世界人口增长速度加快.数据如表 4.9 所示.

表 4.9　世界人口数据（单位：亿）

年份	1927	1960	1975	1987	1999
人口(亿)	20	30	40	50	60

2005 年世界人口已达 64 亿，2011 年达到 70 亿，据专家分析 2050 年世界人口将达到 93 亿.

根据表中数据求拟合函数，用拟合函数计算 2005 年、2011 年和 2050 年世界人口数量.

分析：根据马尔萨斯人口理论，当人口不是很大时，在不长的时期内，人口增长率与人口数量 N 成正比，用微分方程描述为

$$\frac{\mathrm{d}N}{\mathrm{d}t} = aN$$

其中，a 为人口增长系数.用分离变量法解常微分方程，得 $\ln N = at + b$，即

$$N(t) = \exp(at + b)$$

马尔萨斯模型是人口数量按指数函数递增的模型.由于指数函数表达式中 a 和 b 均未知.即用指数函数做数据拟合，确定指数函数中参数，使函数值与对应的人口数据偏差（残差平方和）尽可能小.为了计算方便，将指数函数两边同取对数，有 $\ln N = at + b$，令 $y = \ln N$，则有一次多项式拟合函数 $y(t) = at + b$.使用 MATLAB 一次多项式拟合可求得系数，从而确定指数拟合函数.

设计 MATLAB 程序如下：

```
t=[1927,1960,1975,1987,1999];
N= 20:10:60
```

```
y= log(N);P= polyfit(t,y,1)
Y= exp(polyval(P,t));
R= norm(N- Y)
Y20= exp(polyval(P,[2005,2011,2050]))
tt= 1910:10:2050;
YY= exp(polyval(P,tt))
figure(2),plot(t,N,'o',tt,YY)
```

程序运行结果如表 4.10 所示.

表 4.10　人口预测实验结果

2005 年人口	2011 年人口	2050 年人口	a	b	残差
64.525 6	70.813 5	129.602 1	0.015 5	−26.906 3	2.862 1

世界人口数据拟合的指数函数为

$$N(t)=\exp(0.015\ 5t-26.906\ 3).$$

根据拟合函数计算出 2005 年和 2011 年世界人口数与联合国公布的 64 亿和 70 亿几乎一致,但对 2050 年人口数却超出了专家给出的 93 亿预测值.说明马尔萨斯模型仅适用于短期预测.世界人口预测图如图 4.12 所示.

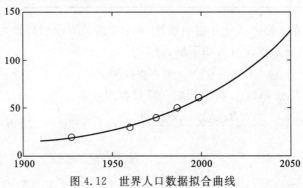

图 4.12　世界人口数据拟合曲线

【例 4.10】　**逻辑斯**(Logistic)**模型**是人口研究理论中重要的微分方程

$$\frac{\mathrm{d}N}{\mathrm{d}t}=rN\left(1-\frac{1}{K}N\right).$$

其中,N 表示人口数量,r 为净相对增长率,K 为环境容量.中国人口数据如表 4.11 所示.

表 4.11 中国人口数据(单位:亿)

年份	1949	1950	1951	1952	1953	1954	1955	1956	1957	1958
人口	5.41	5.51	5.63	5.76	5.89	6.02	6.15	6.28	6.46	6.60
年份	1959	1960	1961	1962	1963	1964	1965	1966	1967	1968
人口	6.72	6.62	6.59	6.73	6.91	7.04	7.25	7.45	7.63	7.85
年份	1969	1970	1971	1972	1973	1974	1975	1976	1977	1978
人口	8.07	8.30	8.52	8.71	8.92	9.09	9.24	9.37	9.5	9.63
年份	1979	1980	1981	1982	1983	1984	1985	1986	1987	1988
人口	9.75	9.87	10.01	10.17	10.30	10.44	10.59	10.75	10.93	11.10
年份	1989	1990	1991	1992	1993	1994	1995	1996	1997	1998
人口	11.27	11.43	11.58	11.71	11.85	11.98	12.11	12.23	12.36	12.47
年份	1999	2000	2001	2002	2003	2004	2005	2006	2007	2008
人口	12.57	12.67	12.76	12.85	12.92	13.00	13.08	13.14	13.21	13.28
年份	2009	2010								
人口	13.34	13.41								

用数据拟合方法确定微分方程中系数,并求出微分方程的解做为数据拟合曲线.

分析:将常微分方程改写为如下形式:

$$N' = c_1 N + c_2 N^2,$$

显然,$r = c_1$,$K = -c_1/c_2$.将方程中一阶导数用均差

$$N'(t_k) \approx \frac{N(t_{k+1}) - N(t_{k-1})}{t_{k+1} - t_{k-1}} \quad (t_k = 1950, \cdots, 2009)$$

代替得

$$c_1 N(t_k) + c_2 N^2(t_k) = \frac{N(t_{k+1}) - N(t_{k-1})}{t_{k+1} - t_{k-1}} \quad (t_k = 1950, \cdots, 2009),$$

求解线性方程组(超定方程组),可得 c_1, c_2 数据.

微分方程解为

$$N(t) = \frac{K}{1 + \exp(-rt - c_0)},$$

由人口数据得

$$c_0 = \ln \frac{N_k}{K - N_k} - rt_k \quad (t_k = 1949, \cdots, 2010),$$

取右端数据的算术平均得 c_0 的估计值.

程序如下：

```
N= [5.41,5.51,5.63,5.76,5.89,6.02,6.15,6.28,6.46,6.60,...
6.72,6.62,6.59,6.73,6.91,7.04,7.25,7.45,7.63,7.85,...
8.07,8.30,8.52,8.71,8.92,9.09,9.24,9.37,9.5,9.63,...
9.75,9.87,10.01,10.17,10.30,10.44,10.59,10.75,10.93,
11.10,...
11.27,11.43,11.58,11.71,11.85,11.98,12.11,12.23,12.36,
12.47,...
12.57,12.67,12.76,12.85,12.92,13.00,13.08,13.14,13.21,13.28,
13.34,13.41];
T= 1949:2010;N0= N;
II= 2:61;N(II)= (N(II- 1)+ N(II)+ N(II+ 1))/3;   % 数据平滑
F= (N(II+ 1)- N(II- 1))/2;            % 计算导数估计值
G= [N(II);N(II).^2];G= G';
c= G\F',r= c(1),K= - r/c(2)          % 解方程确定系数
c0= mean(log(N./(K- N))- r* T)
Nt= K./(1+ exp(- r* T- c0));
Res= norm(Nt- N)                     % 计算残差
t= 1900:2060;Nt= K./(1+ exp(- r* t- c0));
plot(t,Nt)                           % 绘逻辑斯曲线
N2011= K/(1+ exp(- r* 2011- c0))     % 估算 2011 年人口数
```

由程序运行结果，得　　　　$c_1=0.037\ 9$，　$c_2=-0.002\ 3$，　$c_0=-74.623\ 8$.
所以有

$$r=0.037\ 9, K=16.180\ 8.$$

中国人口的逻辑斯模型为

$$\hat{N}(t) = \frac{16.180\ 8}{1+\exp(-0.037\ 9t+74.623\ 8)},$$

计算出残差 2－范数为

$$\sqrt{\sum_{k=0}^{61} \left[N(t_k) - \hat{N}(t_k) \right]^2} = 1.347\ 8$$

比较完整的逻辑斯曲线如图 4.13 所示.

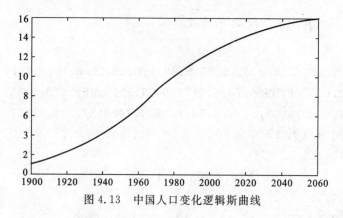

图 4.13 中国人口变化逻辑斯曲线

根据第六次人口普查数据，2010 年 11 月 1 日，中国人口数据为 1 370 536 875. 用函数 $\hat{N}(t)$ 计算出 2011 年人口数据为 13.653 7 亿，预测值略低于实际数据.

§4.4 实 验 范 例

4.4.1 手机定位

有 P_1、P_2、P_3 三个手机信号基站，其坐标分别为 (x_1, y_1)、(x_2, y_2)、(x_3, y_3). 移动通信公司系统检测到一手机信号源 Q，需要确定其坐标为 $Q(x, y)$. 根据基站信号检测到 Q 与基站 P_1、P_2、P_3 之间距离分别为 d_1、d_2、d_3.

1. 实验内容

已知三个信号基站位置数据及手机距离数据如表 4.12 所示.

表 4.12   信号基站位置数据及手机距离数据

P_k	x_k	y_k	d_k
P_1	10	40	33.5
P_2	50	10	40
P_3	100	50	60

确定手机所在位置 $Q(x, y)$，并根据定位数据计算手机到各信号基站距离. 分析误差产生原因.

2. 实验目的

了解手机定位的数学原理，掌握 MATLAB 求解线性方程组方法，掌握 MATLAB 制作动画的常规方法. 理解误差分析方法及修正模型方法.

3. 实验原理

平面定位问题的数学模型如下：

$$\begin{cases} (x-x_1)^2+(y-y_1)^2=d_1{}^2 \\ (x-x_2)^2+(y-y_2)^2=d_2{}^2 \\ (x-x_3)^2+(y-y_3)^2=d_3{}^2 \end{cases}.$$

消元化简得二元线性方程组

$$\begin{cases} (x_2-x_1)x+(y_2-y_1)y=b_1 \\ (x_3-x_1)x+(y_3-y_1)y=b_2 \end{cases}.$$

其中，

$$b_1=-\big[d_2^2-d_1^2+(x_1^2+y_1^2)-(x_2^2+y_2^2)\big]/2\ ;$$

$$b_2=-\big[d_3^2-d_1^2+(x_1^2+y_1^2)-(x_3^2+y_3^2)\big]/2.$$

求解二元线性方程组，可得手机所在位置 $Q(x,y)$.

4. 实验程序

```
P= [10,40;50,10;100,50];
d= [33.5;40;60];
t= linspace(0,2* pi,100);
xd= P(:,1);yd= P(:,2);
xt= xd* ones(1,100)+ d* cos(t);
yt= yd* ones(1,100)+ d* sin(t);
figure(1),plot(xd,yd,'or',xt',yt','b')
hold on
A= [P(2,:)- P(1,:);P(3,:)- P(1,:)];
R= xd.^2+ yd.^2;D= d.^2;
b= - .5* [D(2)- D(1)+ R(1)- R(2);D(3)- D(1)+ R(1)- R(3)];
Q= A\b
xq= Q(1);yq= Q(2);
X= [xd,xq* ones(3,1)];Y= [yd,yq* ones(3,1)];
plot(X',Y','r',xq,yq,'r* ')
D= sqrt(diff(X').^2+ diff(Y').^2);
[d';D]
```

5. 实验结果及分析

实验程序运行后，可绘出定位原理图（见图 4.14），并显示出定位数据

$$(x_q,y_q)=(40.950\,0,47.562\,5),$$

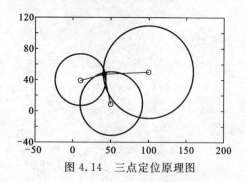

图 4.14　三点定位原理图

以及各信号基站检测距离和定位计算距离,如表 4.13 所示.

表 4.13　定位计算结果

检测距离	33.500 0	40.000 0	60.000 0
计算距离	31.860 5	38.637 3	59.100 3
差异绝对值	1.639 5	1.362 7	0.899 7

6.实验结论和注记

平面三点定位原理实际上是以信号基站为圆心的三圆交汇原理,由信号检测所的距离被认为是三圆的半径.但是信号检测所的距离是带有误差的,所以导致了计算距离和实测距离不一致.在实际计算中应该参考全球定位系统(GPS)的定位原理,增加信号基站的数量,同时在模型中增加人工变量 s.设基站数量为 n,修改数学模型如下:

$$
\begin{cases}
\sqrt{(x-x_1)^2+(y-y_1)^2}-d_1+s=0 \\
\cdots\cdots \\
\sqrt{(x-x_3)^2+(y-y_3)^2}-d_n+s=0
\end{cases},
$$

求解修改后的数学模型需要求高斯—牛顿迭代方法实现.另外在程序后可以添加模拟手机信号传播实验.程序如下:

```
figure(2),plot(xq,yq,'ro',xd,yd,'b*'),hold on
axis([- 20,110,- 20,110])
Dmax= max(d);
r= linspace(0,Dmax,10);
for k= 1:10
    rk= r(k);
    xk= xq+ rk* cos(t);
    yk= yq+ rk* sin(t);
```

```
    plot(xk,yk,'b- - '),pause(.5)
end
plot(xd,yd,'ro')
hold off
```

4.4.2　直线簇及其包络

平面曲线在第一象限内为单减凹曲线时,曲线上任一点处的切线位于曲线的下方.曲线在第一象限内的切线构成了直线族.而原来的曲线上每一点恰好与这组直线族中一条直线相切,构成了直线族的包络.

1. 实验内容

第一象限内单减凹曲线 $|x|^{1/2}+|y|^{1/2}=1$,推导曲线上任一点处切线的表达式,并绘制出一组切线构成的直线族.

2. 实验目的

了解曲线一般方程转换为参数方程方法,了解切线方程的推导方法.熟悉直线族的矩阵描述方法,掌握绘制直线族技术.

3. 实验原理

曲线 $|x|^{1/2}+|y|^{1/2}=1$ 的参数方程为

$$\begin{cases} x = t^2 \\ y = (1-t)^2 \end{cases} \quad t \in [0,1].$$ 由此得曲线上任意一点处的斜率

$$k = \frac{\mathrm{d}y}{\mathrm{d}x} = \frac{t-1}{t},$$

所以曲线上任意一点 (x,y) 处切线方程用点斜式方程表示

$$Y - y = \frac{t-1}{t}(X - x),$$

其中,Y,X 为切线上点的坐标.将参数方程代入,转化为截距式方程

$$\frac{X}{t} + \frac{Y}{1-t} = 1.$$

当 $t \in [0,1]$ 时,由切线在坐标轴上截距可知,线段端点为 $P(t,0)$、$Q(0,1-t)$.

4. 实验程序

```
N= 20;
t= [0:N]/N;                % 确定 21 个参数值
x= t.^2;                   % 利用参数方程计算曲线坐标
y= (1- t).^2;
O= zeros(1,N+ 1);
```

```
X=[t;0];                    % 创建线段族的X坐标矩阵
Y=[0;1- t];                 % 创建线段族的Y坐标矩阵
figure(1),plot(X,Y)
figure(2),plot(x,y)
```

5. 实验结果及分析(见图 4.15 和图 4.16)

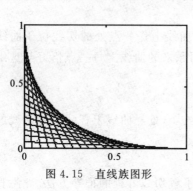 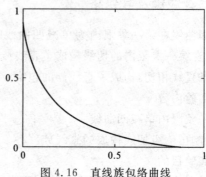

图 4.15　直线族图形　　　　　　　图 4.16　直线族包络曲线

在直线族图形中切线与 x 轴的交点为点 P,切线与 y 轴的交点为点 Q. 显然 P 点的纵坐标为零,而 Q 点的横坐标为零.

6. 实验结论和注记

曲线的切线组成了直线簇,而原来的曲线恰好是这组直线簇的包络.

注:(1)将直线族的第一象限坐标数据做关于 x 轴、y 轴和原点的对称变换,可绘制出四个象限的直线族图形如图 4.17 和图 4.18 所示.

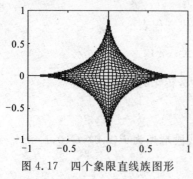 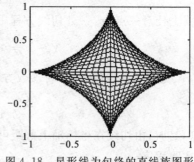

图 4.17　四个象限直线族图形　　　　图 4.18　星形线为包络的直线族图形

(2)星形曲线 $x^{2/3}+y^{2/3}=a^{2/3}(a>0)$ 上任一点的切线在两坐标轴间的线段构成了直线族. 将星形线方程表示为参数方程 $x=a\cos^3 t,y=a\sin^3 t$,由切线的斜率构造点斜式方程,再转化为截距式方程,构造直线簇端点矩阵可以绘制出以星形线为包络的四个象限的切线簇.

4.4.3　汽车紧急刹车数据拟合

处理数据的最小二乘法由数学家高斯提出,他在确定一颗称为"谷神星"的小行星轨道时首先使用了这种方法并获得成功.数据处理的多项式拟合方法是根据已经观测的数据,确定一个低阶多项式的系数,用以推算数据变化规律.

1. 实验内容

公路上行驶的汽车在紧急刹车后由于惯性作用仍会滑行一段距离,通常的规律是:速度越快刹车后滑行的距离越大.美国公共道路局收集的数据如表 4.14 所示.

表 4.14　汽车紧急刹车数据

x	20	25	30	35	40	45	50	55	60	65	70
y	20	28	41	53	72	93	118	149	182	221	266

其中,x 表示刹车时汽车行驶的速度(英里/小时),y 表示刹车后汽车滑行的距离(英尺).

试将英里转换为千米,英尺转换为米;分析列表后的数据变化规律,用多项式拟合方法处理数据.根据我国现有的公路限速数据,推算汽车紧急刹车后汽车滑行的距离数据.

2. 实验目的

了解数据的英里和千米、英尺和米的单位相互转换方法,熟悉并掌握 MATLAB 关于数据的多项式拟合技术.

3. 实验原理

根据国际单位统一计算公式,1 英里＝1.609 km,1 英尺＝0.304 8 m.由观测数据 x 和 y,使用命令 Pn＝polyfit(x,y,n),确定拟合多项式 $P_n(x)＝a_1 x^n＋a_2 x^{n-1}＋\cdots＋a_n x＋a_{n+1}$ 的系数 $P_n＝[a_n,a_{n-1},\cdots,a_n,a_{n+1}]$,使用命令 Yn＝polyval(Pn,x)计算多项式在离散点 x 处的函数值,使用命令 Rest＝sum((y－Yn).^2)计算出拟合多项式的残差平方和.

4. 实验程序

```
R1= 1.609;R2= 0.3048;
x=[20 25 30 35 40 45 50 55 60 65 70];
y=[20 28 41 53 72 93 118 149 182 221 266];
P2= polyfit(x,y,2);          % 二次多项式拟合
y2= polyval(P2,x);           % 计算二次拟合多项式在数据点处的值
Rest2= sum((y- y2).^2)       % 计算二次拟合多项式的残差平方和
figure(1),plot(x,y,'* ',x,y2)
P3= polyfit(x,y,3);          % 三次多项式拟合
```

```
y3= polyval(P3,x);              % 计算三次拟合多项式在数据点处的值
Rest3= sum((y- y3).^2)          % 计算三次拟合多项式的残差平方和
figure(2),plot(x,y,'ok',x,y3,'k')
V= [20,30,40,60,80,100,120]./R1;   % 将千米数转换为英里数
S= polyval(P3,V);               % 使用三次多项式计算刹车距离
[x;y]
[V* R1;S* R2]                   % 显示千米数和刹车距离
```

5. 实验结果及分析

程序运行后数据结果显示:使用二次多项式拟合数据所得残差平方和为 R2＝1.963 4,而使用三次多项式拟合数据,所得残差平方和为 R3＝0.408 0.选用三次多项式做数据拟合较为合理.图 4.19 是三次拟合多项式图形以及离散点分布的情况.

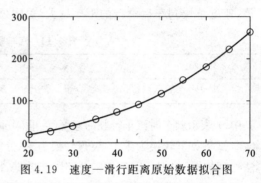

图 4.19　速度—滑行距离原始数据拟合图

由于我国交通管理部门对公路上汽车限速的规定,在城市中通常是 $30\sim60$ km,高速公路上限速通常是 $100\sim120$ km.利用三次拟合多项式重新计算速度导致的紧急刹车距离数据如表 4.15 所示.

表 4.15　汽车行驶速度与紧急刹车距离数据对照表

$v(km/h)$	20	30	40	60	80	100	120
$s(m)$	3.52	5.51	8.6	18.81	35.63	60.5	94.89

由表中数据,当汽车行驶速度为正常的每小时 40 km 时,紧急刹车后也会有接近 9 m 的滑行距离.表中数据对于提醒人们增强交通安全意识是很重要的.

6. 实验结论和注记

根据数据拟合的残差大小,确定用三次多项式做拟合函数比较合理.

注:(1)观察原始数据离散点和三次多项式拟合情况,拟合曲线很接近于抛物线.离散数据中第一个点为(20,20),故选用函数 $y=Cx^2$ 作拟合函数,可得近似计算公式:$y=0.051x^2$.利用这一公式可以快速计算,得表 4.16 的近似数据.

表 4.16　速度与紧急刹车距离数据

$v(km/h)$	20	30	40	60	80	100	120
$s(m)$	2.403	5.41	9.61	21.63	38.45	60.07	86.51

（2）程序中原始数据的单位是英里和英尺，常数 $R_1 = 1.609$ 是将英里转换为千米的比例系数，$R_2 = 0.304\,8$ 是将英尺转换为米的比例系数. 例如，当一个数据的单位是英里时只需乘以 R_1 就转换为千米，而当数据的单位是千米时，只需除以 R_1 就转换为英里.

（3）在数据拟合的最小二乘法中，残差平方和是评判拟合函数是否合理的标准，当残差平方和较小时，拟合函数选择合理，当残差平方和较大时拟合函数选择不合理.

4.4.4　酒精含量数据拟合实验

汽车驾驶员饮酒后，血液中酒精含量上升而影响驾车. 中华人民共和国国家标准 GB 19522—2004 规定，驾驶员血液中酒精含量大于或等于 20 mg/100 mL，小于 80 mg/100 mL 为饮酒驾车，血液中酒精含量大于或等于 80 mg/100 mL 为醉酒驾车.

1. 实验内容

对某志愿者饮酒后做间隔时间酒精测试，获数据如表 4.17 所示.

表 4.17　血液中酒精含量（毫克/百毫升）数据

t_k(h)	0.25	0.5	0.75	1	1.5	2	2.5	3	3.5	4	4.5	5
u_k	30	68	75	82	82	77	68	68	58	51	50	41
t_k(h)	6	7	8	9	10	11	12	13	14	15	16	
u_k	38	35	28	25	18	15	12	10	7	7	4	

用数据拟合方法确定常微分方程

$$u'' + pu' + qu = 0.$$

根据微分方程通解确定函数 u(t)，使残差尽可能小.

2. 实验目的

了解数据处理中数据平滑方法，理解导数估算方法，掌握用数据拟合方法确定常微分方程并用最小二乘法确定解函数方法.

3. 实验原理及步骤

第一步，做数据平滑，计算公式如下：

$$\hat{u}_k = \frac{1}{3}(u_{k-1} + u_k + u_{k+1}), (k = 2, 3, \cdots, 22).$$

第二步，根据左导数和右导数估算公式

$$u'(t_k + 0) \approx \frac{u(t_{k+1}) - u(t_k)}{t_{k+1} - t_k}, u'(t_k - 0) \approx \frac{u(t_k) - u(t_{k-1})}{t_k - t_{k-1}}.$$

计算一阶导数估计值：

$$\hat{u}'(t_k) = \frac{1}{2}\left[\frac{u(t_{k+1}) - u(t_k)}{t_{k+1} - t_k} - \frac{u(t_k) - u(t_{k-1})}{t_k - t_{k-1}}\right] \quad (k = 2, 3, \cdots, 22),$$

计算二阶导数估值：

$$\hat{u}''(t_k) = \frac{u(t_{k+1}) - 2u(t_k) + u(t_{k-1})}{(t_{k+1} - t_{k-1})^2/4} \quad (k = 2, 3, \cdots, 22).$$

第三步，将微分方程中的一阶导数和二阶导数用导数估计值代替

$$\hat{u}''(t_k) + \hat{u}'(t_k)p + \hat{u}(t_k)q = 0 \quad (k = 2, 3, \cdots, 22)$$

建立关于 p, q 的线性方程组：$GX = F$. 系数矩阵和右端项分别为

$$G = \begin{pmatrix} \hat{u}'(t_2) & \hat{u}(t_2) \\ \hat{u}'(t_3) & \hat{u}(t_3) \\ \vdots & \vdots \\ \hat{u}'(t_{22}) & \hat{u}(t_{22}) \end{pmatrix}, \quad F = -\begin{pmatrix} \hat{u}''(t_2) \\ \hat{u}''(t_3) \\ \vdots \\ \hat{u}''(t_{22}) \end{pmatrix}.$$

用最小二乘法解超定方程组 $GX = F$，求出 p, q 的估计值. 进一步利用一元二次方程

$$\lambda^2 + p\lambda + q = 0$$

的根 λ_1, λ_2，得常微分方程通解

$$u(t) = C_1 \exp(\lambda_1 t) + C_2 \exp(\lambda_2 t).$$

利用数据确定系数 C_1, C_2.

4. 实验程序

```
tk= [0.25 0.5 0.75 1 1.5 2 2.5 3 3.5 4 4.5 5 6 7 8 9 10 11 12 13 14 15
16];
uk= [30 68 75 82 82 77 68 68 58 51 50 41 38 35 28 25 18 15 12 10 7 7 4];
u0= uk;II= 2:22;uk(II)= (uk(II- 1)+ uk(II)+ uk(II+ 1))/3;
                                        % 数据平滑
figure(1),plot(tk,u0,'* ',tk,uk)        % 观察平滑效果
du= diff(uk)./diff(tk);
du1= (du(II- 1)+ du(II))/2;             % 一阶导数估计
du2= 4* (uk(II+ 1)- 2* uk(II)+ uk(II- 1))./(tk(II+ 1)- tk(II
- 1)).^2;                               % 二阶导数估计
G= [du1',uk(II)'];P= - G\du2'           % 解超定方程组
p= P(1);q= P(2);                        % 微分方程系数估计
lamda= roots([1,p,q])                   % 解一元二次方程
w1= exp(lamda(1)* tk);w2= exp(lamda(2)* tk);
A= [w1',w2'];C= A\uk'                    % 确定通解中系数
ug= C(1)* w1+ C(2)* w2;
```

```
figure(2),plot(tk,u0,'* ',tk,ug)          % 观察拟合曲线
Residul= norm(ug- u0)                       % 计算差残向量的模
```

5. 实验结果及分析

实验结果如表 4.18 所示.

表 4.18　酒精含量数据实验结果

p	q	λ_1	λ_2	C_1	C_2	R
2.030 7	0.403 8	−1.807 2	−0.223 5	−146.278 4	130.525 9	19.935 1

根据实验数据得，二阶微分方程

$$u'' + 2.0307u' + 0.4038u = 0.$$

根据辅助方程

$$\lambda^2 + p\lambda + q = 0.$$

的解 $\lambda_1 = -1.8072$，$\lambda_2 = -0.2235$，得通解

$$u(t) = C_1 \exp(-1.8072t) + C_2 \exp(-0.2235t).$$

利用测试数据得

$$\hat{u}(t) = -146.2784\exp(-1.8072t) + 130.5259\exp(-0.2235t).$$

残差向量范数为

$$\sqrt{\sum_{k=1}^{23} \left[u(t_k) - \hat{u}(t_k) \right]^2} = 19.9351.$$

拟合曲线如图 4.20 所示.

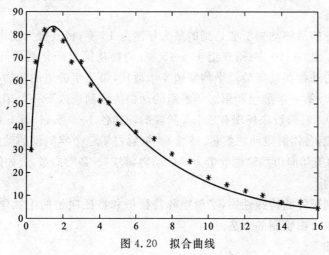

图 4.20　拟合曲线

6.实验结论和注记

测试数据显示结论是,饮酒后 1~1.5h,血液中酒精含量达到峰值,超过 80(mg/100mL);10h 后人体内酒精含量降低到 20(mg/100mL)以下.但常微分方程解曲线与测试数据比较,有

$$\hat{u}_{\max} = 83.6275 , \qquad u_{\max} = 82 ,$$

估计函数最大值超过测试数据.在 9h 后估计函数取值小于 20,小于测试数据.

表 4.19 酒精含量拟合数据与原始数据对比

t_k	9.0	10.0	11.0	12.0	13.0	14.0	15.0	16.0
u_k	25.0	18.0	15.0	12.0	10.0	7.0	7.0	4.0
$\hat{u}_k$	17.46	13.97	11.17	8.93	7.14	5.71	4.57	3.65

这说明用数据拟合的方法确定常微分方程,并确定拟合曲线的方法还可以改进.

§4.5 实 验 课 题

动物养殖问题

生物数学中的数学模型能定量地描述生命物质运动的过程,通过对数学模型的求解和运算,获得有关的数据和结论.描述生物单种群中不同年龄组数量变化规律的矩阵模型由莱斯利于 1945 年提出,这一模型中莱斯利矩阵具有非常特殊的性质.

1.实验内容

某农场饲养的某种动物所能达到的最大年龄为 15 岁,将其分为三个年龄组:第一组 0~5 岁;第二组 6~10 岁;第三组 11~15 岁.动物从第二个年龄组开始繁殖后代,第二个年龄组的动物在其年龄段平均繁殖 4 个后代,第三年龄组的动物在其年龄段平均繁殖 3 个后代.第一年龄组和第二年龄组的动物能顺利进入下一个年龄组的存活率分别为 0.5 和 0.25.假设农场现有三个年龄段的动物各 1000 头,计算 5 年后、10 年后、15 年以及 20 年后各年龄段动物数量.持续 60 年后农场三个年龄段的动物的数量情况会怎样? 如果每五年向市场输送数量为 S 的动物,假定 S 是常向量,应如何确定 S?

2.实验目的

了解莱斯利矩阵的特殊性质,了解矩阵特征值和特征向量的生物学背景.掌握数据收集方法和条形图绘制的方法.

3.实验原理

在初始时刻 0~5 岁、6~10 岁、11~15 岁的三个年龄段动物数量分别为

$$x_1^{(0)} = 1\,000, \qquad x_2^{(0)} = 1\,000, \qquad x_3^{(0)} = 1\,000.$$

以五年为一个时间段,记

$$\boldsymbol{x}^{(k)} = (x_1^{(k)}\, x_2^{(k)}\, x_3^{(k)})^{\mathrm{T}} \quad (k = 0, 1, 2, \cdots)$$

为第 k 个时间段动物数量分布向量.当时,$\boldsymbol{x}^{(k)}$ 分别表示现在五年后、十年后、十五年后的动物数量分布向量.根据第二年龄组和第三年龄组动物的繁殖能力,以及第一年龄组和第二年龄组的存活率,可建立数学模型如下:

$$\begin{pmatrix} x_1^{(k+1)} \\ x_2^{(k+1)} \\ x_3^{(k+1)} \end{pmatrix} = \begin{pmatrix} 0 & 4 & 3 \\ 0.5 & 0 & 0 \\ 0 & 0.25 & 0 \end{pmatrix} \begin{pmatrix} x_1^{(k)} \\ x_2^{(k)} \\ x_3^{(k)} \end{pmatrix} \quad (k = 0, 1, 2, \cdots)$$

其中,矩阵

$$\boldsymbol{L} = \begin{pmatrix} 0 & 4 & 3 \\ 0.5 & 0 & 0 \\ 0 & 0.25 & 0 \end{pmatrix}$$

称为莱斯利矩阵.

4. 实验程序

5. 实验结果及分析

6. 实验结论和注记

思考与复习题四

1. 在二次曲线方程中,二次项系数满足什么条件时,能保证二次曲线方程是椭圆方程?

2. 对于小于 1 的正数 p 和 q ，证明矩阵 $\boldsymbol{A}=\begin{pmatrix}1-p & q \\ p & 1-q\end{pmatrix}$ 有特征值 $\lambda=1$ ，而且有对应的特征向量 $\boldsymbol{\alpha}=(q \quad p)^{\mathrm{T}}$.

3. 莱斯利矩阵反映的是一种精确变化的规律，这一数学模型有何缺点？

4. 昆虫繁殖问题中，除虫剂使各组昆虫的成活率减半，将如何影响莱斯利矩阵的特征值？

5. 昆虫繁殖过程中各年龄组的数量是整数，而数学模型所反映的是实数，应该怎样调整？

6. 如何将椭圆方程 $a_1 x^2+2a_2 xy+a_3 y^2+d=0$ 化为标准方程？

7. 将二次型 $f=x^2-3z^2-4xy+yz$ 化为标准型.

8. 二阶对称正定矩阵 $\boldsymbol{A}$ 将单位圆变换为椭圆，椭圆的长半轴是否是 $\boldsymbol{A}$ 的最大特征值？

9. 已知曲线通过四个点 $(1,3),(2,4),(3,3),(4,-3)$ ，求三次曲线表达式
$$y=a_0+a_1 x+a_2 x^2+a_3 x^3$$
并绘曲线图形.

10. 已知 $\boldsymbol{\alpha}=(1\ 2\ 3)^T,\boldsymbol{\beta}=(3\ 2\ 1)^T$ ，分别计算 $\boldsymbol{\alpha}^T\boldsymbol{\beta}$ 和 $\boldsymbol{\alpha}\boldsymbol{\beta}^T$.

11. 设矩阵 $\boldsymbol{A}=\begin{pmatrix}\cos\theta & -\sin\theta \\ \sin\theta & \cos\theta\end{pmatrix}$ ，取 $\theta=\dfrac{\pi}{3}$ ，验证 $\boldsymbol{A}^k=\begin{pmatrix}\cos k\theta & -\sin k\theta \\ \sin k\theta & \cos k\theta\end{pmatrix}$.

12. 利用 MATLAB 托普里兹矩阵命令 toeplitz() 创建十阶三对角矩阵
$$\boldsymbol{T}=\begin{pmatrix}2 & -1 & & & \\ -1 & 2 & -1 & & \\ & \ddots & \ddots & \ddots & \\ & & & -1 & 2\end{pmatrix}_{10}$$

13. 设二阶对称矩阵 $\boldsymbol{A}_1=\begin{pmatrix}1 & 1 \\ 1 & -1\end{pmatrix}$ ，利用 MATLAB 张量积命令 kron() 计算矩阵的张量积 $\boldsymbol{A}_2=\boldsymbol{A}_1\otimes\boldsymbol{A}_1,\boldsymbol{A}_3=\boldsymbol{A}_2\otimes\boldsymbol{A}_1$ ，并验证矩阵 $\boldsymbol{A}_2$ 、 $\boldsymbol{A}_3$ 都具有列正交性.

14. 利用矩阵特征值方法计算斐波那契数列的通项.

15. 下面列出了 1988—1999 年的中国出生人口数量，如图表 4.20 所示.

表 4.20　1988—1999 年中国出生人口数量

年份	1988	1989	1990	1991	1992	1993
出生人数（万）	2 537	2 531	2 524	2 462	2 201	2 029
年份	1994	1995	1996	1997	1998	1999
出生人数（万）	1 946	1 944	1 952	1 829	1 747	1 671

试用多项式拟合命令 polyfit(),寻找能反映数据变化规律的曲线.

16. 根据上题出生人口数据对照表 4.21 所示的中国参加高考人数(万).

表 4.21 中国参加高考人数

年份	2006	2007	2008	2009	2010	2011	2012
参加高考(万)人数	950	1 010	1 050	1 020	957	933	900

分析 18 岁人群参加高考情况,有无规律.

第 5 章　随 机 实 验

　　自然界存在大量的随机现象,这类现象可用随机试验模拟.随机模拟的基本方法是蒙特卡罗方法,这种方法以概率论理论为基础,以统计技术为手段,处理问题简单而有效.蒙特卡罗方法既可以解决随机性问题,也可以解决确定性问题,其结果称为**模拟解**.虽然一个数学问题的解析解或数值解优于模拟解,但现实中确实有大量科学问题难于进行解析处理或数值处理,而只能进行模拟处理.蒙特卡罗方法已成为现代科学计算的重要方法之一.

§5.1　随机数与统计直方图

　　随机试验结果的数量表示称为随机变量,随机变量的取值随偶然因素变化但又服从一定的概率分布规律.随机数是对随机变量进行重复抽样产生的序列,随机数的分布规律可用直方图呈现,图中各小矩形高度表明不同事件发生的频率(或频数).

5.1.1　均匀分布随机数与直方图

　　区间 $[a,b]$ 上均匀分布随机变量 X 的意义在于,如果将区间 $[a,b]$ 分为 n 个长度相等的子区间,则随机变量取值落入每个子区间是等可能的.随机数的分布规律模拟了随机变量的概率分布规律,区间 $[0,1]$ 上的均匀随机数称为**标准均匀分布随机数**.

　　1. 标准均匀分布随机数

　　MATLAB 函数 rand() 的主要功能是产生标准均匀分布随机数,简称为**随机数发生器**,其使用格式为

$$R = rand(m,n)$$

该命令产生 $m \times n$ 阶的随机矩阵 $\boldsymbol{R}$,矩阵中每一个元素都是区间 $[0,1]$ 上的均匀随机数.rand() 只产生一个均匀随机数,rand(n) 将产生 n 阶均匀随机数矩阵.

　　直接使用 rand() 可以实现一般的随机数模拟.这里的随机数称为**伪随机数**,在默认状态下,每次启动 MATLAB 调用 rand() 函数将重复产生相同的随机数序列.为避免这种现象,给随机数发生器指定一个不同初始'种子'.例如使用时钟变量数据之和作种子

$$rand('state', sum(100 * clock));$$

其中 clock 是时钟变量,用于记录当前时间(有年、月、日、时、分、秒六个数据).每次使用 MATLAB 的当前时间不同,则初始种子不同,随机数序列将不重复.

【例 5.1】　观察 1 000 个标准均匀随机数在区间 $[0,0.5]$ 和 $[0.5,1]$ 上的分布数量.

为了重复实验,创建实验程序如下:

```
functionF= myrand(n)
ifnargin= = 0,n= 1000;end
X= rand(1,1000);              % 创建 1000 个随机数
Index= find(X< 0.5);          % 寻找小于 0.5 的数据索引值
f1= length(Index);F= [f1,n- f1];  % 根据索引值确定频数
```

反复调用上面函数五次,计算结果如表 5.1 所示.

表 5.1　五次实验数据

实验次序	第一次	第二次	第三次	第四次	第五次
小于 0.5	520	491	525	493	487
不小于 0.5	480	509	475	507	513

数据表明:重复实验导致数据结果不一样,但每次实验结果比较接近.由于均匀随机变量在两个小区间上取值的概率相等,故随机数在两个区间上的数量应接近相等.表 5.1 中数据验证了这一数学结论.

【例 5.2】　用 MATLAB 随机数发生器产生 10 000 个 $[0,1]$ 区间上的均匀随机数

$$x_1,\quad x_2,\quad \cdots,\quad x_{10000},$$

并计算均值和方差

$$\overline{x} = \frac{1}{10\,000}\sum_{k=1}^{10\,000} x_k\,;\qquad s^2 = \frac{1}{10\,000}\sum_{k=1}^{10\,000}(x_k - \overline{x})^2.$$

使用 MATLAB 命令如下:

```
x= rand(1,10000);            % 创建 10 000 个均匀随机数(不显示)
xx= sum(x)/10000             % 计算均值
s2= sum((x- xx).^2)/10000    % 计算方差
```

计算结果为

```
xx= 0.5052
s2= 0.0841
```

数据表明,随机数发生器创建的 10 000 个均匀随机数的均值 $\bar{x} = 0.5052$,接近于 $[0,1]$ 区间的中点;方差 $s^2 = 0.0841$,接近于区间长度平方的 1/12.

在分析和观察数据时常用到统计直方图.直方图命令使用格式为

$$\text{hist(data},n)$$

这里,data 是数据块,命令执行时将数据分为 n 个类,统计出每个类的数据量.具体方法是,先寻找出 data 中最大数和最小数以确定数据所在的区间,将区间分为 n 个长度相等的小区间,统计出落入各小区间中的数据量,根据各个数据量画出不同高度的小矩形,所有小矩形组成的图形称为数据的**直方图**.如果省略参数 n,MATLAB 将 n 的默认值取为 10.另外一种直方图命令使用方式将不绘直方图而给出统计数据,命令使用格式为

$$\text{N=hist(data},n)$$

命令执行结果为 n 个数据,分别表示 data 中落入 n 个小区间内的数据量.

【**例 5.3**】 用统计直方图表示 10 000 个均匀随机数的分布规律.

分析:如果将区间 $[0,1]$ 分为五个或十个均匀的小区间,统计直方图呈现出 10 000 个随机数落入每一个小区间的随机数个数.实验程序如下

```
data= rand(10000,1);
N5= hist(data,5)
figure(1),bar(N5,'r')
N10= hist(data)
figure(2),bar(N10)
```

计算结果如表 5.2 所示.

表 5-2　数据落入 5 个小区间的数据量统计

区间编号	1	2	3	4	5
落入区间点数	1 969	2 010	2 018	1 999	2 004

下面是针对 10 000 个随机数,分别统计出五个小区间和十个小区间数据量的直方图,如图 5.1 和图 5.2 所示.

图形显示出 10 000 个随机数落入五个小区间中每一区间的数据量大约为 2 000;而 10 000 个随机数中落入十个小区间中每一区间的数据量大约为 1 000.图形都反映了均匀随机数的统计规律.

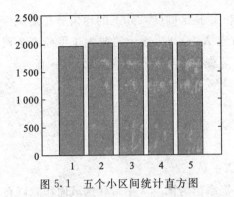

图 5.1　五个小区间统计直方图

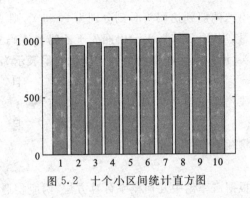

图 5.2　十个小区间统计直方图

2. 一般区间上的均匀分布随机数

区间$[a,b]$与区间$[0,1]$变量之间可以通过线性变换：$x=(b-a)t+a$ 建立联系，这里 t 是$[0,1]$中变量，而 x 是$[a,b]$中变量.$[a,b]$上的均匀随机数 R 由

$$R=(b-a)r+a$$

计算产生.其中 r 是$[0,1]$上的均匀随机数.

【例 5.4】　创建 10 000 个$[1,4]$区间上的均匀随机数 $x_1,x_2,\cdots,x_{10000}$，并计算随机数的最大值、最小值、均值和方差.

程序如下：

```
x= rand(1,10000)* 3+ 1;      % 创建 10 000 个随机数
xmax= max(x)                 % 求随机数的最大值
xmin= min(x)                 % 求随机数的最小值
xx= mean(x)                  % 求随机数的均值
s2= cov(x)                   % 求随机数的方差
```

计算结果为

```
xmax= 3. 9998
xmin= 1. 0002
xx= 2. 5015
s2= 0. 7502
```

数据表明：在$[1,4]$区间上创建的 10 000 个均匀随机数的最大值为 $x_{\max}=3.999\,8$，接近区间右端点；最小值为 $x_{\min}=1.000\,2$，接近于区间左端点；均值 $\bar{x}=2.5015$，接近于的中点；方差 $s^2=0.750\,5$，接近于区间长度平方的 1/12.

【例 5.5】　相遇问题.有甲、乙两条游船将在 24h 内独立地随机到达码头.如果甲船到达码头后停留 2h，乙船到达码头后停留 1h，问两船相遇的概率有多大？分析：设

甲乙两船到达码头时刻分别为 X 和 Y,则 X 和 Y 是区间 $[0,24]$ 上的均匀分布随机变量,当 $X<Y$ 时,表示甲船先于乙船到达码头;当 $X>Y$ 时,表示乙船先于甲船到达码头.所以两船相遇的事件用随机变量表示为甲船先到之后两小时内乙船到达,有

$$X<Y \quad 且 \quad Y<X+2;$$

或乙船先到之后 1h 内甲船到达,有

$$X>Y \quad 且 \quad X<Y+1,$$

将两个事件合并为

$$X-1<Y<X+1.$$

根据概率论中几何概率计算方法,两船相遇的概率值为图 5.3 中带状区域面积除以正方形面积.即

$$P=\frac{24^2-S_1-S_2}{24^2},$$

其中,两个三角形面积分别为 $S_1=21\times21/2$,$S_2=22\times22/2$.

用随机实验方法,则可以产生正方形内的 N 个均匀分布的随机点(样本点),统计出落入带状区域内的随机点数 M.计算两船相遇事件发生的频率,将频率 M/N 作为概率的近似值输出.MATLAB 程序如下:

```
function[P,Fn]= shipmeet(N)
ifnargin= = 0,N= 10000;end
S1= 0.5* 22* 22;S2= 0.5* 23* 23;
P= 1- (S1+ S2)/(24* 24);
data= 24* rand(N,2);
X= data(:,1);
Y= data(:,2);
II= find(X- 1< = Y&Y< = X+ 2);
Fn= length(II)/N;
plot(X(II),Y(II),'. ')
```

调用函数文件,以 3 000 个随机点实现统计模拟计算,函数调用格式为

$$[P,F]=shipmeet(3000)$$

其计算结果如下:

```
P=      0.1207
f=      0.1110
```

重复调用函数进行实验,即使对于随机点数 $N=3$ 000 不变,统计频率仍然会有

不同,但它们都和概率值很接近.

3. 正态分布随机数与直方图

MATLAB 产生正态分布随机数的函数为 randn(),常用的使用格式为

$$R = randn(m, n)$$

该命令产生 $m \times n$ 的随机数矩阵 $\boldsymbol{R}$,矩阵中每一个元素大部分落入于区间 $(-3, 3)$ 内,是标准正态随机数. 命令 randn 产生一个标准正态随机数,rand(n) 产生 n 阶标准正态随机数矩阵.

MATLAB 的正态随机数是标准正态分布随机变量的抽样序列,标准正态分布随机变量的数学期望为 0,均方差为 1,密度函数为

$$f(x) = \frac{1}{\sqrt{2\pi}} \exp(-x^2/2) , x \in (-\infty, +\infty)$$

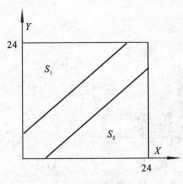

图 5.3　几何概率

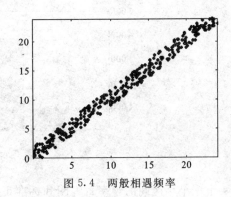

图 5.4　两般相遇频率

【例 5.6】　创建 10 000 个正态随机数,将区间 $[-3, 3]$ 分为六个小区间,统计落入各个小区间的随机数个数,绘制直方图;另外绘制具有十三个小区间的直方图与密度函数的曲线图比较.

分析:第一个图形是 10 000 个正态随机数落入六个小区间的频数直方图,即六个小矩形的高度值相加等于 10 000. 根据密度函数的意义,密度函数曲线与 x 轴所围的曲边梯形面积为 1. 所以与密度函数曲线比较的直方图应该是频率直方图,第二个图形中所有小矩形的高度值相加应该等于 1.

MATLAB 程序如下:

```
f= inline('exp(- x.^2/2)/sqrt(2* pi)');
data= randn(10000,1);
N= hist(data,6)
figure(1)
```

```
bar([- 2.5:2.5],N,'r')
figure(2),holdon
fplot(f,[- 4,4])
M= hist(data,13)/10000;
bar([- 3:0.5:3],0.8* M/0.5,'r')
```

计算结果显示,10 000 个正态随机数中,落入六个小区间的数据量分别为

$$20 \qquad 615 \qquad 3\ 818 \qquad 4\ 442 \qquad 1\ 069 \qquad 36$$

其中落入小区间$[-1,0]$的正态随机数有 3 818 个,而落入小区间$[0,1]$的正态随机数有 4 442 个,而其他区间的随机数相对较少. 这说明正态随机数的分布比较集中接近于 0 的小区间,而 0 恰好是标准正态随机变量的数学期望(平均值). 六个小区间的频数直方图绘制如图 5.5 所示.

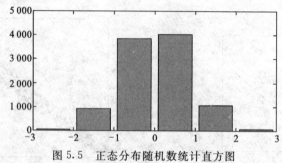

图 5.5 正态分布随机数统计直方图

十三个小区间的频率直方图和标准正态分布的密度函数曲线图形如图 5.6 所示.

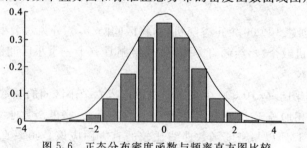

图 5.6 正态分布密度函数与频率直方图比较

频率直方图说明正态随机数落入各小区间的频率大小与正态分布的密度函数曲线是一致的,即正态随机数落入接近于 0 的小区间的频率较大,而落入远离 0 的小区间的频率较小.

§5.2　蒙特卡罗方法

蒙特卡罗(MonteCarlo)方法，或称**计算机随机模拟方法**，是一种基于"随机数"的计算方法. 方法源于美国在第二次世界大战时期研制原子弹的"曼哈顿计划". 该计划的主持人之一、数学家冯·诺伊曼用驰名世界的赌城——摩纳哥的 MonteCarlo 来命名这种方法，为它蒙上了一层神秘色彩. 应用蒙特·卡罗方法解决实际问题有两部分工作：为了模拟某一过程，需要产生各种概率分布的随机数. 从大量的随机数中统计(估计)模型的数字特征，从而得到实际问题的模拟解.

在积分计算中，定积分的积分变量在区间内变化、二重积分的积分变量在平面区域内变化、三重积分的积分变量在空间区域内变化. 问题的维数(即变量的个数)分别是一维、二维和三维，问题的计算复杂性随维数的增加而迅速增长. 在解决高维数学问题时，即使用超级计算机也需要花费漫长的计算时间，这就是所谓的"维数灾难". 而使用蒙特卡罗方法计算高维数问题时，计算复杂性不再随维数增加而灾难性增加.

为了计算平面上某矩形域内一个形状不规则的"图形"面积，蒙特卡罗方法采取随机数统计方法：模拟向该矩形内"随机地"投掷 N 个点，统计出落于"图形"内的点数为 M，该"图形"的面积近似为矩形面积乘以 M/N.

【例 5.7】　求曲线 $|\ln x|+|\ln y|=1$ 所围平面图形的面积.

分析：由曲线方程得，$|\ln x|\leqslant 1,|\ln y|\leqslant 1$，得 $1/e\leqslant x\leqslant e,1/e\leqslant y\leqslant e$.

为了计算方便，确定包含不规则图形的正方形区域

$$D=\{(x,y)\,|\,0.3\leqslant x\leqslant 2.8,0.3\leqslant y\leqslant 2.8\},$$

方法 1：在正方形区域 D 内投入 N 个点，统计坐标满足

$$|\ln x|+|\ln y|\leqslant 1$$

的点的数目 M. 蒙特卡罗方法计算图形面积近似公式为：$S=S_D\times M/N$. 其中，S_D 是正方形 D 的面积.

MATLAB 程序如下：

```
f= inline('abs(log(x))+ abs(log(y))- 1');
ezplot(f,[0.3,2.8,0.3,2.8])
N= 10000;
fork= 1:5
    data= 0.3+ 2.5* rand(N,2);
    x= data(:,1);
    y= data(:,2);
```

```
II= find(abs(log(x))+ abs(log(y))< = 1);
M= length(II);
S= 6.25* M/N
```

    end

运行程序,可得图形如图 5.7 所示,五次实验面积数据如表 5.3 所示.

表 5.3　不规则图形面积计算

随机点数	第一次	第二次	第三次	第四次	第五次
10 000	2.236 3	2.305 6	2.290 0	2.345 6	2.378 1

方法 2:引入自变量变换:$x=\exp(\xi),y=\exp(\eta)$,则有曲线变换为 $|\xi|+|\eta|=1$. 记变换后的区域为 D_1(见图 5.8),则所求面积为

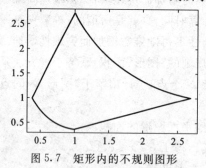

图 5.7　矩形内的不规则图形　　　　图 5.8　变换后的区域图形

$$S = \iint\limits_{D_1} \mathrm{d}x\mathrm{d}y = \iint\limits_{D_1'} e^{\xi+\eta}\mathrm{d}\xi\mathrm{d}\eta = S_1 + S_2 \,.$$

这里,D_1 为图 5.7 中不规则图形区域,D_1' 是变换后的区域.用符号计算求二次积分

$$S_1 = \int_0^1 \mathrm{d}\eta \int_{\eta-1}^{1-\eta} e^{\xi+\eta}\mathrm{d}\xi \,,$$

$$S_2 = \int_{-1}^0 \mathrm{d}\eta \int_{-\eta-1}^{1+\eta} e^{\xi+\eta}\mathrm{d}\xi \,.$$

MATLAB 程序如下:

```
fun= inline('abs(xs)+ abs(ys)- 1');
ezplot(fun,[- 1,1,- 1,1])
symsxiyi
s1= int(int(exp(xi+ yi),xi,yi- 1,1- yi),yi,0,1);
s2= int(int(exp(xi+ yi),xi,- yi- 1,yi+ 1),yi,- 1,0);
Si= double(s1+ s2)
```

符号计算结果:

```
Si=    2.3504
```

【例 5.8】 计算两条抛物线 $y=x^2$, $x=y^2$ 所围成的图形的面积.

分析: 两条抛物线方程分别为 $y=\sqrt{x}$ 和 $y=x^2$, 它们在第一象限内交点是 $(0,0)$, $(1,1)$. 所以图形位于单位正方形

$$D=\{(x,y)\,|\,0\leqslant x\leqslant 1,0\leqslant y\leqslant 1\}$$

内. 在正方形区域 D 内投入 N 个点, 统计坐标满足

$$x^2\leqslant y\leqslant\sqrt{x}$$

的点 $P(x,y)$ 的数目 M. 蒙特卡罗方法计算图形面积近似公式为 $S=M/N$. 显然, 图形面积的定积分表达式为 $\int_0^1\left(\sqrt{x}-x^2\right)\mathrm{d}x$.

MATLAB 程序如下:

```
x1= 0:.01:1;
y1= sqrt(x1);
x2= 1:-.01:0;
y2= x2.^2;
fill([x1,x2],[y1,y2],'r')
N= 10000;
fork= 1:6
    data= rand(N,2);
    x= data(:,1);
    y= data(:,2);
    II= find(y< = sqrt(x)&y> = x.^2);
    M= length(II);
    S(k)= M/N;
end
S
symsu
f= sqrt(u)- u^2;
Si= int(f,u,0,1)
```

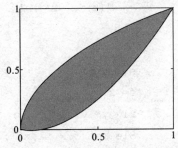

图 5.9 正方形内的不规则图形

程序运行后, 绘出两条抛物线所围的填充图(见图 5.9), 显示出六次蒙特卡罗方法计算的面积近似

值,最后再显示定积分符号计算面积的准确数据,如表 5.4 所示.

表 5.4　六次蒙特卡罗方法计算数据

随机点数	第一次	第二次	第三次	第四次	第五次	第六次
10 000	0.334 7	0.327 5	0.319 7	0.328 4	0.337 4	0.322 5

定积分符号计算结果为 Si＝1/3.

【例 5.9】　计算二重积分 $\iint\limits_{D} xy^2 \mathrm{d}x\mathrm{d}y$,其中 D 为 $y=x-2$ 与 $y^2=x$ 所围区域.

分析:由于 D 的边界曲线交点为 $(-1,1),(4,2)$,被积函数在求积区域内的最大值为 16. 分析二重积分的几何意义,积分值是一个三维图形所围体积,该三维图形位于立方体区域
$$\Omega=\{(x,y,z)\,|\,0\leqslant x\leqslant 4,-1\leqslant y\leqslant 2,0\leqslant z\leqslant 16\},$$
内,该立方体区域的体积为 192. 如果用符号计算处理二重积分,积分区域为
$$D=\{(x,y)\,|\,y^2\leqslant x\leqslant 2+y,-1\leqslant y\leqslant 2\},$$
所以,化为二次积分 $\int_{-1}^{2}\mathrm{d}y\int_{y^2}^{2+y} xy^2\mathrm{d}x\mathrm{d}y$.

MATLAB 程序如下:

```
N= 100000;
fork= 1:7
    data= rand(N,3);
    x0= 4* data(:,1);
    y0= - 1+ 3* data(:,2);
    z0= 16* data(:,3);
    II= find(x0> = y0.^2&x0< = y0+ 2&z0< = x0.* (y0.^2));
    M= length(II);
    V(k)= 192* M/N;
end
V
symsxy;
f= x* y^2;
x1= y* y;x2= 2+ y;
S1= int(f,x,x1,x2);
S2= int(S1,y,- 1,2)
```

```
Si= double(S2)
y1= - 1:. 1:2;y2= 2:- .1:- 1;
x11= y1. * y1;x22= y2+ 2;
fill([x11,x22],[y1,y2],'r')
axis([0,4,- 1,2])
```

程序运行后,显示出七次蒙特卡罗方法计算二重积分的近似值,再显示二重积分符号计算的准确数据(见图5.5),最后显示出二重积分的积分区域,如图5.10所示.

表5.5　七次蒙特卡罗方法计算二重积分近似值

随机点数	第一次	第二次	第三次	第四次	第五次	第六次	第七次
10 000	7. 315 2	7. 814 4	8. 025 6	7. 315 2	7. 507 2	6. 643 2	7. 296 0
100 000	7. 622 4	7. 326 7	7. 670 4	7. 457 3	7. 610 9	7. 555 2	7. 745 3

符号计算结果:

S2= 531/70

符号结果转换为数值结果:

Si=　　7. 5857

【例 5.10】　用蒙特卡罗方法计算三重积分 $\iiint\limits_{\Omega} (x^2 + y^2 + z^2)\mathrm{d}x\mathrm{d}y\mathrm{d}z$,其中 Ω 是由 $z = \sqrt{x^2 + y^2}$ 和 $z=1$ 所围成.

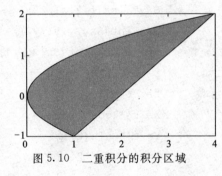

图 5.10　二重积分的积分区域

分析:三重积分的求积区域 Ω 是一个高度为 1 的圆锥,被积函数在求积区域上的最大值为 2.所以有四维超立方体

$$V=\{(x,y,z,u)\,|-1\leqslant x\leqslant1,-1\leqslant y\leqslant1,0\leqslant z\leqslant1,0\leqslant u\leqslant2\}$$

蒙特卡罗方法求三重积分时,首先在 V 内投入 N 个随机点,然后统计落入超立方体

$$U=\{(x,y,z,u)\,|\,\sqrt{x^2+y^2}\leqslant z\leqslant1,0\leqslant u\leqslant(x^2+y^2+z^2))\}$$

内的随机点数目 M.三重积分近似值为:$8M/N$.如果有符号计算三重积分,需要分解为三次积分,积分变量按先后次序为 $z\to y\to x$.

MATLAB程序如下:

```
N= 100000;
fork= 1:7
```

```
    data= rand(N,4);
    x= - 1+ 2* data(:,1);
    y= - 1+ 2* data(:,2);
    z= data(:,3);
    u= 2* data(:,4);
    II= find(z> sqrt(x.^2+ y.^2)&z< = 1&u< = x.^2+ y.^2+ z.^2);
    M= length(II);
    V(k)= 8* M/N;
end
V
clearxyzu
symsxyz
f= x^2+ y^2+ z^2;
z1= sqrt(x^2+ y^2);z2= 1;
y1= - sqrt(1- x^2);
y2= sqrt(1- x^2);
Sxy= int(f,z,z1,z2);
Sx= int(Sxy,y,y1,y2);
S= double(int(Sx,x,- 1,1))
r= 0:.1:1;
t= 2* pi* (0:20)/20;
X= r'* cos(t);
Y= r'* sin(t);
Z= sqrt(X.^2+ Y.^2);
mesh(X,Y,Z),holdon
mesh(X,Y,ones(size(Z)))
colormap([000])
```

程序运行后,显示出七次蒙特卡罗
方法计算三重积分的近似值,再显示三
重积分符号计算的结果转换的数值数据
(见表 5.6),最后显示出三重积分的积分
区域,如图 5.11 所示.

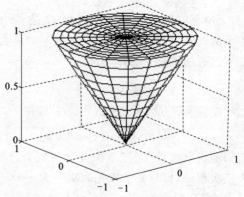

图 5.11　三重积分的积分区域

表 5.6　七次蒙特卡罗方法计算三重积分近似值

随机点数	第一次	第二次	第三次	第四次	第五次	第六次	第七次
100 000	0.935 1	0.938 7	0.932 9	0.939 1	0.938 6	0.938 0	0.942 9

符号计算结果转换为数值数据为

S=　 0.9425

§5.3　实验范例

5.3.1　矿井脱险模拟

矿工在矿井中迷失了方向,身处三个矿道交汇处并不知道选择一号坑道能脱险,二号或三号坑道只能回到原处.如果任何时候都随机选择其中一个坑道行走,安全走出矿井需要花费较多时间.传说巴格达城市曾以这种方式处罚窃贼,故称为**巴格达窃贼问题**.

1. 实验内容

如果选择一号坑道走 3h 可脱险,选择二号坑道走 5h 将会回到原处,选择三号坑道走 7h 也将会回到原处.如果他任何时候都随机选择其中一个坑道行走,用模拟实验方法计算矿工安全走出矿井平均需要花多少时间.

2. 实验目的

掌握随机正整数产生方法,了解随机实验的过程,掌握实验数据采集技术,理解随机数据平均值的重要作用.

3. 实验原理

均匀产生随机数 1,2,3,需用 MATLAB 命令 1+fix(3 * rand().三个随机数代表三个坑道的选择,每一选择付出时间代价为:3、5、7h,只须用随机数乘 2 加 1 获得实验数据,直到随机数出现 1 则结束实验.重复 2 000 次随机实验计算每次脱险时间,后取平均值.

4. 实验程序

```
n= 40;F= [];Nk= [];
fork= 1:2000
    R= 1+ fix(3* rand(1,n));
    Rk= 2* R+ 1;
    II= find(Rk= = 3);
    nk= II(1);Nk= [Nk,nk];
```

```
        F=[F,sum(Rk(1:nk))];
    end
    T0= sum(F)/2000;
    Nmax= max(Nk);Nmin= min(Nk);
    Tmax= max(F);Tmin= min(F);
    N= hist(F,10)
    bar(N,'r')
    [Nmin,Nmax,Tmin,Tmax,T0]
```

5. 实验结果及分析

将程序运行四次,每次重复实验 2 000 次.根据实验程序运行后数据如表 5.7 所示.

表 5.7 脱险时间实验数据

最少次数	最多次数	最小脱险时间(h)	最大脱险时间(h)	平均脱险时间(h)
1	17	3	99	14.6430
1	28	3	168	15.6910
1	21	3	115	15.0055
1	22	3	134	15.0440

实验数据表明,进行 2 000 次实验,将总会有一次成功脱险的可能,最多一次尝试也没有超过 30 次.最大脱险时间可能超过 100 小时,但实验表明平均脱险时间将是 15h.

6. 实验结论和注记

如果运气很好可能一次选择就成功脱险,只需要 3h;如果运气很差可能重复选择 20 多次,多达 100 多小时.统计规律表明平均只需要 15h 可以脱险,这种可能性是很大的.理论的分析则需要概率统计的知识,平均值在概率论中被称为数学期望,本题是一道计算数学期望的典型问题.将 2 000 次实验的脱险时间做十等分统计直方图可知,10h 内脱险可能性超过 40%,20h 内脱险的可能性超过 50%.

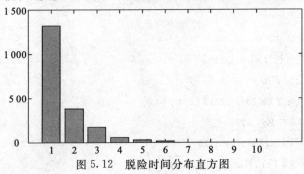

图 5.12 脱险时间分布直方图

5.3.2 生日问题

如果人的生日是一年 365 天中任意一天,依概率论的观点,在 70 人中至少有两人生日相同的可能性有 99%. 无论是实验还是理论都有这一结论.

1. 实验内容

假设人的生日在一年中每一天是等可能性的,那么 n 个人(不超过 365 人)生日各不相同的概率为

$$P_1(n) = \frac{365 \times 364 \times \cdots \times (365 - n + 1)}{365^n}.$$

随着 n 的增加,概率值迅速递减趋于零,如图 5.13 所示.

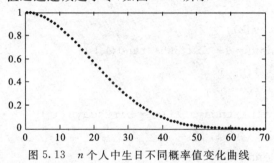

图 5.13　n 个人中生日不同概率值变化曲线

曲线变化趋势表明,70 人团队中人人生日不同的可能性几乎为零. 试计算 n 个人中至少两人生日相同的概率值,寻找下限值 M,当团队人数 n 不少于 M 时,这个团队中至少有两人生日相同的可能性超过 99%. 用随机实验方法模拟这一随机现象.

2. 实验目的

了解数据处理中累乘法使用的功能,掌握 MATLAB 的数据查找命令 find() 的使用方法,熟悉数据处理中索引值的应用. 学会用矩阵记录查找结果的编程技术.

3. 实验原理

设 $P_1(n)$ 表示 n 个人生日各不相同的概率,则"n 个人中至少有两人生日相同"这一随机事件发生的概率为

$$P_2(n) = 1 - P_1(n).$$

首先利用上面的公式,用计算机分别计算出一个团体的人数分别为 $n = 1, 2, \cdots, 70$ 时的概率值,并绘制概率值随 n 增大的曲线. 寻找使概率值大于 99% 的团队人数下限 M. 为了验证"M 个人中至少有两人生日相同"是大概率事件,创建 M 个随机数,分别代表 M 个人的生日. 将判断结果记录在矩阵 A 中,当第 i 个人的生日和第 j 个人生日相同时记 $a_{ij} = 1$,否则记 $a_{ij} = 0$. 最后检测 A 是否为非零矩阵,A 中非零元个数为事件"M 个人中有两人生日相同"发生的次数.

4. 实验程序

```
n= 70;N= 1:n;
F= (360:- 1:360- n+ 1)./360;
P1= cumprod(F);
P2= 1- P1;plot(N,P2,'r.')
q= find(P2> =.99);
M= q(1)
Nn= 10:10:70;
P2(Nn)
fork= 1:10
   A= zeros(M);
   birthdays= 1+ fix(365* rand(1,M));
   forii= 1:M- 1
      forjj= ii+ 1:M
         ifbirthdays(ii)= = birthdays(jj)
            A(ii,jj)= 1;
         end
      end
   end
B= sparse(A);
Number(k)= nnz(B);
end
Number
```

5. 实验结果及分析

程序运行后计算出使得概率值 P_2 大于 99% 的下限为 $M=57$. 即一个由 57 人组成的团队中至少有两个人生日相同的概率为 99%，超过 57 人的团队 P_2 的值会更大.

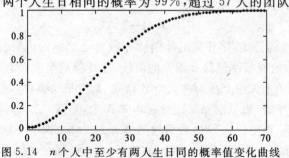

图 5.14　n 个人中至少有两人生日同的概率值变化曲线

列出不同的团队人数所计算出有人生日相同概率值如表 5.8 所示.

表 5.8　n 个人中有人生日相同的概率值

n	10	20	30	40	50	60	70
$P_2(n)$	0.118 5	0.415 8	0.711 4	0.894 7	0.971 9	0.994 6	0.999 2

做十次随机统计实验后, 57 人中有两人生日相同的仿真结果记录如表 5.9 所示.

表 5.9　M 个人中有两人生日相同事件发生次数记录

编号	1	2	3	4	5	6	7	8	9	10
A 中非零元个数	3	1	7	2	4	3	10	7	6	4

十次实验结果都说明"M 个人中至少有两人生日相同"事件发生了.

6. 实验结论和注记

根据实验数据结果知, 尽管人的生日可能是 365 天中任意一天, 但在人数为 60 人的团队中, 所有人生日各不相同的可能性非常小, 而至少有两人生日相同的可能性非常大, 随机实验方法模拟的结果是一致的.

注: 数学实验程序中, 随机实验设计只统计了事件发生次数, 没有统计有多少人生日相同. 下面程序段可实现这一功能.

```
Birthdays= 1+ fix(365* rand(1,70));
meets= hist(Birthdays,365);
II= find(meets> 1);
peoples= meets(II)
Number= sum(peoples);
```

程序段运行后计算结果为: Number＝11.

5.3.3　数据聚类

物以类聚, 人以群分. 在计算机网络时代, 人们经常面临大量的数据需要处理. 数据聚类方法按类别将海量数据归类, 同一类的数据具有相同或相似的特征. 某地区内有 12 个气象观测站, 在观测站建立之初, 各站点位置并没有做科学规划. 10 年来各站测得的年降雨量数据保存完好, 其中有些站点的数据有相似之处. 为了节省人力和物力, 部门内将取消个别气象观测站, 保留 8 个观测站. 保留和取消的决策应该建立在数据聚类的结果之上.

1. 实验内容

根据 12 个气象观测站 10 年来测得的年降雨量数据,如表 5.10 所示.

表 5.10　十年降雨量数据

年	一	二	三	四	五	六	七	八	九	十
x_1	276.2	251.6	192.7	246.2	291.7	466.5	258.6	453.4	158.5	324.8
x_2	324.5	287.3	436.2	232.4	311.0	158.9	327.4	365.5	271.0	406.5
x_3	158.6	349.5	289.9	243.7	502.4	223.5	432.1	357.6	410.2	235.7
x_4	412.5	297.4	366.3	372.5	254.0	425.1	403.9	258.1	344.2	288.8
x_5	292.8	227.8	466.2	460.4	245.6	251.4	256.6	278.8	250.0	192.6
x_6	258.4	453.6	239.1	158.9	324.8	321.0	282.9	467.2	360.7	284.9
x_7	334.1	321.5	357.4	298.7	401.0	315.4	389.7	355.2	376.4	290.5
x_8	303.2	451.0	219.4	314.5	266.5	317.4	413.2	228.5	179.4	343.7
x_9	292.9	466.2	245.7	256.6	251.3	246.2	466.5	453.6	159.2	283.4
x_{10}	243.2	307.5	411.1	327.0	289.9	277.5	199.3	315.6	342.4	281.2
x_{11}	159.7	421.1	357.0	296.5	255.4	304.2	282.1	456.3	331.2	243.7
x_{12}	331.2	455.1	353.2	423.0	362.1	410.7	387.6	407.2	377.7	411.1

将 12 个站点分为 8 组,当 1 组有 2 个以上站点时,它们的降雨量数据接近.

2. 实验目的

了解数据聚类方法,掌握聚类程序设计技术.

3. 实验原理

要从 12 个站点中减少 4 个气象观测点,所以应保留 8 个站点. 每一站点在第一年至第十年的十年中所记录的年降雨量数据在数学上可视为一向量. 现在需要用聚类算法将 12 个向量处理为 8 个向量,即聚为 8 类. 在聚类过程中应记录下每一类所含站点的数目,同时记录每一站点属于哪一类. 刚开始时,每一个站点一类,总共 12 类. 考虑数据最接近的两个站点,将它们聚为一类,并计算这两个站点的降雨量数据的平均值,同时从数据块中删除这两类(两个站点)的数据. 数据块化为 11 个类,重复这一过程,直到减少至 8 类为止.

4. 实验程序

```
x= [
    276.2   251.6   192.7   246.2   291.7   466.5   258.6   453.4   158.5
```

324. 8;
324. 5　287. 3　436. 2　232. 4　311. 0　158. 9　327. 4　365. 5　271. 0
406. 5;
158. 6　349. 5　289. 9　243. 7　502. 4　223. 5　432. 1　357. 6　410. 2
235. 7;
412. 5　297. 4　366. 3　372. 5　254. 0　425. 1　403. 9　258. 1　344. 2
288. 8;
292. 8　227. 8　466. 2　460. 4　245. 6　251. 4　256. 6　278. 8　250. 0
192. 6;
258. 4　453. 6　239. 1　158. 9　324. 8　321. 0　282. 9　467. 2　360. 7
284. 9;
334. 1　321. 5　357. 4　298. 7　401. 0　315. 4　389. 7　355. 2　376. 4
290. 5;
303. 2　451. 0　219. 7　314. 5　266. 5　317. 4　413. 2　228. 5　179. 4
343. 7;
292. 9　466. 2　245. 7　256. 6　251. 3　246. 2　466. 5　453. 6　159. 2
283. 4;
243. 2　307. 5　411. 1　327. 0　289. 9　277. 5　199. 3　315. 6　342. 4
281. 2;
159. 7　421. 1　357. 0　296. 5　255. 4　304. 2　282. 1　456. 3　331. 2
243. 7;
331. 2　455. 1　353. 2　423. 0　362. 1　410. 7　387. 6　407. 2　377. 7
411. 1];

```
x0= x;n= 12;                              %统计数据块大小
p= [1:n]';q= ones(n,1);                   %置 12 个类,每类一个站点
fork= 1:12- 8
    nk= max(size(x(:,1)));d0= 1000000;
    fori= 1:nk- 1
       xi= x(i,:);
       forj= i+ 1:nk
            xj= x(j,:);
            d1= norm(xi- xj);
```

```
        ifd1< d0,d0= d1;i0= i;j0= j;end%寻找距离最短的两个类
    end
    end
    i= i0;j= j0;
    x(i)= q(i)* x(i)+ q(j)* x(j);
    q(i)= q(i)+ q(j);x(i)= x(i)/q(i);          %计算新类的数据均值
    l= [1:j- 1,j+ 1:nk];x= x(l,:);q= q(l);     %删除旧类
    lj= find(p= = j);p(lj)= i* ones(size(p(lj)));
    lj= find(p> j);p(lj)= p(lj)- 1;            %重新定义各站点的类属
    end
    p',[qx]                                     %输出分类结果
```

5. 实验结果及分析

程序运行后计算结果表明数据分为 8 组气象观测站时,各站类别编号如表 5.11 所示.

表 5.11　十二个观测站分为八组各站组号列表

站号	一	二	三	四	五	六	七	八	九	十	十一	十二
组号	1	2	3	4	5	6	4	7	7	5	6	8

分组情况如下:

{一},{二},{三},{四,七},{五,十},{六,十一},{八,九},{十二}

其中有四类各含两个气象组,它们是:

四号站点和七号站点所属组号为 4(去掉一个保留一个);

五号站点和十号站点所属组号为 5(去掉一个保留一个);

六号站点和十一号站点所属组号为 6(去掉一个保留一个);

八号站点和九号站点所属组号为 7(去掉一个保留一个).

6. 实验结论和注记

从资源分配的角度考虑,十二个站点的优化应该是保留与合并.根据数据聚类结果,应保留的站点为

一号站、二号站、三号站、十二号站.

应合并的站点是:

四号站与七号站合并,五号与十号站合并,六号站与十一号站合并,八号站和九号站合并.

§5.4　实　验　课　题

5.4.1　风向玫瑰图

　　风向玫瑰图是根据某地区气象台观测的风向资料绘制出的图形,因图形似玫瑰花
朵而得名.将一年内各个方向风的出现频率按大小在 16 个方位上绘线段,然后将各相
邻方向的端点用直线连接,绘成一个宛如玫瑰的闭合折线,就是风向玫瑰图.图中线段
最长者表示最大风频的方向(即当地主导风向),如图 5.15 所示.

1.　实验内容

　　风向玫瑰图直观地表示年、季、月等的风
向,为城市规划、建筑设计和气候研究所常用.
按方位将风向分为 16 个方向,依次为:东,东
东北,东北,东北北,北,北北西,北西,北西西,
西,西西南,西南,西南南,南,南东东,南东,南
东东.

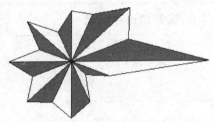

图 5.15　主导风向为东方的风向玫瑰图

　　试模拟某地 6～9 月四个月时间中每一天风向,并统计风向频数,计算风向频率,
绘出风向玫瑰图.如果风向在 16 个方向中正东方的频率最大,模拟中调整正东方风向
频数为最大频数.

2.　实验目的

　　了解风向玫瑰图的数学原理,掌握 MATLAB 的随机数创建和处理技术,掌握多
边形顶点数据处理方法,熟悉多边形填充图绘制方法.

3.　实验原理

　　随机产生 1～16 的一个正整数,可用于模拟某一天的风向.在 120 天的时间内,需
要随机产生 120 个正整数(取值仍是 1～16).将 120 个数分为 16 类,每一类中数据个
数 F_k,$(k=1,2,\cdots,16)$就是这一类数据对应风向频数(频数和频率成正比).单位圆上
16 个点坐标用于表示单位向量,代表了风向的 16 个方向.将各个方向的风向频数乘
上该方向的单位向量,即

$$F_k \times [\cos \alpha_k, \sin \alpha_k] \quad (k=1,2,\cdots,16),$$

就得到风向玫瑰多边形的顶点.连结顶点只可得多边形图,在顶点坐标数组中交错地
插入坐标原点坐标,就可以形成多边形中的 16 个三角形族的坐标数据.绘制 16 个邻
接三角形图就表现出了风向玫瑰图.再间隔地对三角形填充红色,就绘出带色彩的风
向玫瑰图.

4. 实验程序

5. 实验结果及分析

6. 实验结论和注记

5.4.2　维维安尼体体积

球面和圆柱面是简单而常见的几何图形. 设想一个圆柱的直径恰好等于圆球半径,当圆柱面(侧面)紧贴圆球中轴线穿过球面时,在球面上留下切痕. 柱体和球体形成一个特殊的空间立体,这就是著名的维维安尼(Viviani)体.

1. 实验内容

对于球半径 $R=2$ 的维维安尼(Viviani)体,用空间曲面绘制它的图形,利用 MATLAB 的符号演算方法计算二重积分获取体积数据. 再用蒙特卡罗方法计算维维安尼体积近似值,并与符号计算结果比较.

2. 实验目的

了解空间封闭曲面绘制方法和符号演算计算二重积分方法,掌握蒙特卡罗方法计算空间立体体积近似值的技术. 熟悉通过图形分析空间曲线方法

3. 实验原理

圆柱面方程和球面方程分别表示为 $(x-R/2)^2+y^2=R^2/4$ 和 $x^2+y^2+z^2=R^2$. 圆柱面在 $x-y$ 平面的投影用极坐标表示为

$$\begin{cases} x=0.5R(1+\cos\alpha) \\ y=0.5R\sin\alpha \end{cases} \quad \alpha\in[0,2\pi].$$

维维安尼曲面的数学描述如下:

$$\begin{cases} x=0.5r(1+\cos\alpha) \\ y=0.5r\sin\alpha, \alpha\in[0,2\pi], \quad r\in[0,R] \\ z=\pm\sqrt{R^2-x^2-y^2}. \end{cases}$$

圆柱面和球面上半部分及 $x\text{-}y$ 平面所围区域,恰好被一个空间六面体

$$\Omega=\{(x,y,z)\,|\,0\leqslant x\leqslant R,R/2\leqslant y\leqslant R/2,0\leqslant z\leqslant R\}$$

所包围.计算体积的蒙特卡罗方法如下:在 Ω 内模拟产生 10 000 个均匀分布的随机点,统计落入维维安尼体内的随机点数目 n,则维维安尼体体积近似为: $V\approx R^3n/10000$.

取 $R=2$,维维安尼体积的数学表达式为

$$V=\iint\limits_{D}\sqrt{4-x^2-y^2}\,\mathrm{d}x\mathrm{d}y,$$

其中,积分区域

$$D=\{(x,y)\,|-\sqrt{2x-x^2}\leqslant y\leqslant\sqrt{2x-x^2},0\leqslant x\leqslant2\},$$

将重积分化为二次积分

$$V=\int_0^2\left[\int_{-\sqrt{2x-x^2}}^{\sqrt{2x-x^2}}\sqrt{4-x^2-y^2}\,\mathrm{d}y\right]\mathrm{d}x.$$

利用符号计算,最后将符号计算结果转换为数值形式,就可以和蒙特卡罗方法的计算结果做比较.

4. 实验程序

5. 实验结果及分析

6. 实验结论和注记

思考与复习题五

1. 生成一维均匀随机数组和二维均匀随机数组有何区别?

2. 如何利用 rand 命令生成 1 000 个取值为 1、2、3 的均匀随机正整数.

3. 解释命令 $x=$ rand(1000,2);$x=2*P(:,1)-1$;$y=2*P(:,2)$;$II=$find($y<$=2$-x.^2\&y.^3>=x.^2$)所得数据有何意义?

4. 解释一维随机数组直方图绘图的数学原理,二维数组的直方图应如何绘制?

5. 命令 data$=$[514253432114];$N=$hist(data,5)结果是什么?

6. 产生单位正方形内的 1 000 个均匀随机点,落入内切圆的随机点数应该接近于多少?

7. 产生单位立方体内 10 000 个均匀随机点,落入立方体所围的半径为 0.5 的球域内的随机点数应该接近于多少?

8. 如何绘出二维正态分布数据组的直方图.

9. 利用正态随机数生成命令 randn()创建 10 000 个正态随机数,落到区间[-3, 3]的可能性有多少?

10. 如何用蒙特卡罗算法计算定积分 $\int_0^1 x^2 \mathrm{d}x$ 近似值.

11. 公交车门的高度设计.某城市中 99% 的男子身高介于 1.52~1.88m,试分析并计算要使男子上公交车时,头与车门相碰的概率小于 5%,公交车门的高度应该是多少? 并给出随机模拟的数据结果.

12. 设计六层高尔顿(Galton)钉板试验(见图 5.16):一小球自顶部落下,在每一层遭遇隔板,以 1/2 的概率向右(左)下落,底部六个隔板,形成七个槽.模拟 1 000 个小球依次落下,统计 Galton 板底部各槽中小球数.

13. 平安保险问题.有 1 000 名以上的小学生参加保险公司开展的平安保险,参加保险的小学生每人一年交付保险费 50 元,若在一年内出现意外伤害事故,保险公司一次性赔付 1 万元.统计数据表明,每年 1 000 名小学生中平均有 2 名学生出事故.保险公司赔本的概率有多大? 利用二项分布随机数进行模拟,统计保险公司赔付与获利数据.

14. 有一个国家,位于靠近地球南极的严寒地带.国王为了增加国家军队数量,颁布了一条法令,要求每一对夫妇都至少生一个男孩.这导致国内大部分夫妇不断地生育直到出现一个男孩为止.试用随机数模拟方法分析这个国家的男孩和女孩的比例.

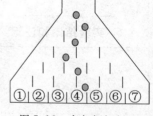

图 5.16　高尔顿钉板

15. 蒙特卡罗法计算维维安尼体积数据有何统计规律?

16. L 次蒙特卡罗实验计算维维安尼体积数据的误差服从什么分布？均值应该是多少？

17. 位于锥面 $z^2 = x^2 + y^2$ 上方与球面 $x^2 + y^2 + (z-1)^2 = 1$ 内部区域的体积就是冰淇淋锥形的体积. 试绘出图形并设计计算体积的蒙特卡罗实验.

18. 描述牟合方盖的数学模型, 绘出柱面图形, 并设计计算体积的蒙特卡罗实验.

非线性方程求根问题是科学与工程计算中常见的问题. 在历史上, 不同时期的数学家都曾对方程求根的问题做过研究. 在 16 世纪初意大利文艺复兴时期, 数学家塔塔里亚发现一元三次方程解的公式. 1799 年高斯在他的博士论文中证明了"n 次多项式在复平面内有 n 个根"的结论. 以后, 阿贝尔和伽罗华证明了"五次以上代数方程没有公式解"的结论, 而伽罗华的工作为"群论"奠定了基础.

§6.1 非线性方程求解

方程是包含未知量的等式, 方程问题的一般形式为 $f(x)=0$, 其中 x 是未知量. 如果 $f(x)$ 是非线性函数, 方程为非线性方程. 当 $f(x)$ 是多项式时, 方程被称为代数方程. 使用 MATLAB 数值计算方法可求 n 次代数方程所有根.

6.1.1 代数方程求解

MATLAB 求解代数方程方法是使用 roots() 命令, 其使用格式为

$$R = roots(P)$$

这里, P 是一维数组, 表示 n 次多项式

$$P(x) = a_1 x^n + a_2 x^{n-1} + \cdots + a_n x + a_{n+1}$$

的 $(n+1)$ 个系数 $a_1, a_2, \cdots, a_{n+1}$, 输出变量存放了 n 次方程 $P(x)=0$ 的全部数值解.

【例 6.1】 求 3 次方程 $x^3 + 1 = 0$ 的根, 并绘图标明根在单位圆上位置.

MATLAB 程序如下:

```
t= linspace(0,2* pi,40);
x= cos(t);y= sin(t);
plot(x,y),holdon
P= [1,0,0,1];
R= roots(P)
X= real(R);Y= imag(R);
plot(X,Y,'ro')
```

求根计算结果为

R=
- 1.0000
0.5000+ 0.8660i
0.5000- 0.8660i

方程有一个实根和两个共轭复根,实际上三个根分别为

$$x_1 = -1, \quad x_2 = 0.5 + 0.866i, \quad x_3 = 0.5 - 0.866i$$

注:方程 $x^3 + 1 = 0$ 的两个共轭复根分别为 $x_{2,3} = (1 \pm i\sqrt{3})/2$. 由计算结果知,三根之和为 0,三根之积为 -1. 这一实验可以推广为 n 次单位根实验,只须把第四行语句改为:"P(1)=1;P(n+1)=-1;"并且在第一行前增加键盘输入语句:"n=input('inputn:=');".

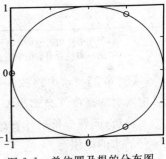

图 6.1 单位圆及根的分布图

【例 6.2】 高次方程的维尔金森实验. 将 20 次多项式 $W = (x-1)(x-2)\cdots(x-20)$ 用 MATLAB 命令 poly() 展开,然后用 MATLAB 求根命令 root() 求出 W 的全部零点. 实验结果有部分根与准确解不一致.

MATLAB 程序如下

```
X= 20:- 1:1;W= poly(X);
R= roots(W);
formatshorte
error= abs(R'- X)
```

计算结果整理如表 6.1 所示.

表 6.1 根的数值计算结果比较与误差

x	$P(x)$	$W(x)$	误差	x	$P(x)$	$W(x)$	误差
x_1	20	19.999 7	3.457 4e−004	x_7	14	13.922 0	7.796 0e−002
x_2	19	19.003 2	3.227 1e−003	x_8	13	13.056 5	5.649 3e−002
x_2	18	17.985 7	1.427 0e−002	x_9	12	11.972 5	2.754 0e−002
x_4	17	17.036 0	3.595 3e−002	x_{10}	11	11.010 7	1.072 5e−002
x_5	16	15.931 9	6.806 9e−002	x_{11}	10	9.997 2	2.829 4e−003
x_6	15	15.084 2	8.415 1e−002	x_{12}	9	9.000 5	5.259 0e−004

续表

x	$P(x)$	$W(x)$	误差	x	$P(x)$	$W(x)$	误差
x_{13}	8	7.999 9	6.747 3e−005	x_{17}	4	4.000 0	1.787 0e−008
x_{14}	7	7.000 0	7.971 1e−006	x_{18}	3	3.000 0	5.561 8e−010
x_{15}	6	6.000 0	1.355 2e−006	x_{19}	2	2.000 0	3.828 9e−012
x_{16}	5	5.000 0	2.110 0e−007	x_{20}	1	1.000 0	1.664 2e−013

注:(1)程序中使用的 poly0 命令的功能是用多项式的零点构造对应的多项式;
(2)这一实验表明数值解有误差,实际上是由多项式系数微小误差所引起的.

【例 6.3】 水中浮球问题. 将一个半径为 r 的球体(密度 $\rho < 1$)浸入水中,问球体浮出水面的高度 h 是多少?

分析:问题等价于计算球体沉入水中的深度 x. 当球体以深度 x 浸没入水中时,所排开的水的体积为

$$\int_0^x \pi[r^2 - (r-u)^2]\mathrm{d}u = \frac{\pi}{3}x^2(3r-x),$$

而球的质量为 $4\pi r^3 \rho/3$. 根据阿基米德浮力定律,球体排开水的质量等于水对球体的浮力. 由于球在水中处理平衡状态(见图 6.2),由此建立方程

$$x^3 - 3rx^2 + 4r^3\rho = 0.$$

取球半径为 10 cm,对球的密度取不同值计算球体浮出水面高度数据.

MATLAB 程序如下:

```
functionh= highNu(  )
r= 10;
Rou= 0.3:0.1:1;
N= length(Rou);
fork= 1:N
    rou= Rou(k);
    P= [1,- 3* r,0,4* r^3* rou];
    x= roots(P);
    II= find(x< 2* r&x> 0);
    h(k)= 2* r- x(II);
end
bar(h)
```

程序运行后,计算数据如表 6.2 所示.

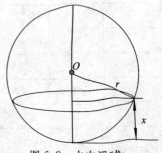

图 6.2 水中浮球

表 6.2 浮球密度与水面高度数据

密度	0.3	0.4	0.5	0.6	0.7	0.8	0.9	1
h	12.74	11.34	10.00	8.66	7.27	5.74	3.92	0.0

表 6.2 中,球体密度 ρ 取值为 $0.3\sim$ 1 共 8 个数据,不同密度值对应的球体浮出水面的高度数据根据方程的根计算获得.表中数据变化规律表明,随着密度 ρ 增加,球体浮出水面的高度 h 降低.根据密度数据和对应高度数据绘制的曲线反映了 ρ 是 h 的单减函数这一事实,如图 6.3 所示.

注:问题中取 8 个不同的密度值分别为:$0.3,0.4,\cdots,1$. 对每一个密度值求解一元三次方程,由于三个根中只有一个根是合理的(不超过球的直径).

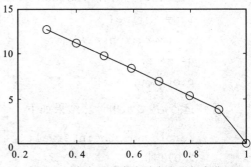

图 6.3 水中浮球高度随密度增加变化

6.1.2 一般非线性方程求解

求解一元非线性方程 $f(x)=0$,实际上是求一元函数 $f(x)$ 的零点.求函数零点数值方法的原理,是在一个给定的零点猜测值 x_0 附近使用算法搜索高精度的函数的零点.一个函数的零点可能有两个以上,利用猜测值可区分求哪一个零点.MATLAB 求函数零点命令的常用格式为

$$x=\text{fzero}(\text{fun},\text{x0})$$

此处,fun 是已经定义的函数名,x_0 是所求的零点的猜测值,输出变量 x 是最接近于 x_0 的函数零点.使用命令之前必须要定义函数,才可能实现求函数零点的操作.

另外一种求函数零点的使用格式为

$$x=\text{fzero}(\text{fun},[a,b])$$

这一格式求出区间 $[a,b]$ 内的唯一零点,使用这一格式时注意要满足在两个端点处函数值符号相反.

如果某区间内有一个且仅有一个方程的根,则这样的区间被称为隔根区间.下面例题是利用隔根区间计算方程的多个根.

【例 6.4】 求非线性方程 $x^2-4\sin x=0$ 的解.

分析:方程的解实际上是抛物线 $y_1(x)=x^2$ 和正弦曲线 $y_2(x)=4\sin x$ 的交点的横坐标.由于两条曲线的交点只可能位于图 6.4 所示的范围内,故将 $\pi/2$ 做为根的猜测值用于计算方程的解.编写 MATLAB 程序如下:

```
x= pi* (0:30)/30;
y1= x.^2;
y2= 4* sin(x);
plot(x,y1,x,y2),holdon
fun= inline('x.^2- 4* sin(x)');
z= fzero(fun,pi/2)
u= z* z;
plot(z,u,'ok')
```

程序运行后,显示出计算结果如下

```
Zerofoundintheinterval:  [ 1.0681,
2.0735].
z=
    1.9338
```

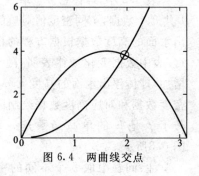

图 6.4 两曲线交点

所以方程的数值解为 $z = 1.9338$,这个根位于区间 $[1.0681, 2.0735]$ 内.

注:容易验证非线性方程左端的函数在这个区间的左端点函数值为负,而在区间的右端点函数值为正.

【例 6.5】 分析方程 $x \sin x = 1$ 的全部正根的隔根区间,利用隔根区间计算最接近 0 的前四个正根.

分析:方程的正根实际上是正弦曲线 $y_1(x) = \sin x$ 和双曲线上支 $y_2(x) = 1/x$ 的交点的横坐标. 由于两条曲线所有交点都位于第一象限,所以方程的根分布在下面区间序列中

$$\left[2k\pi, 2k\pi + \frac{\pi}{2}\pi\right], \qquad \left[2k\pi + \frac{\pi}{2}, 2k\pi + \pi\right], \qquad (k = 0, 1, 2, \cdots)$$

最接近 0 的前四个正根的隔根区间分别为

$$\left[0, \frac{\pi}{2}\right], \quad \left[\frac{\pi}{2}, \pi\right], \quad \left[2\pi, \frac{5\pi}{2}\right], \quad \left[\frac{5\pi}{2}, 3\pi\right].$$

每一个区间包含了方程的一个正根,编写 MATLAB 程序如下:

```
x= 4* pi* (2:60)/60;
y1= sin(x);
y2= 1./x;
plot(x,y1,x,y2),holdon
fun= inline('x.* sin(x)- 1');
X= pi* [0,1,2]/2;
```

```
fork= 1:2
    z(2* k- 1)= fzero(fun,[X(1),X(2)]);
    z(2* k)= fzero(fun,[X(2),X(3)]);
    X= X+ 2* pi;
end
u= sin(z);
plot(z,u,'o')
axis([0,4* pi,- 1,1.8])
```

程序运行后,得

```
z=
    1.1142    2.7726    6.4391    9.3172
```

计算四个根的正弦函数值,绘正弦曲线、双曲线以及它们的交点,如图 6.5 所示.

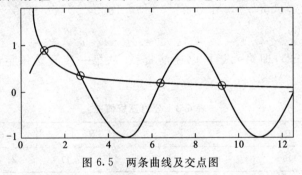

图 6.5　两条曲线及交点图

【例 6.6】　贷款与还贷问题. 某公司从银行贷款 100 万元建一条生产流水线,一年后建成投产. 投产后的流水线每年为公司创造价值 30 万元的效益,已知银行的年利率是 $p=10\%$,试计算多少年后公司可以还清贷款? 并列出从第一年开始的每年还贷后的欠款.

分析:　设第 $(x+1)$ 年公司还清贷款,根据利率计算公式,债款为 $100(1+p)^{x+1}$,流水线创造的价值为

$$30[1+(1+p)+\cdots+(1+p)^{x-1}]=30[(1+p)^x-1]/p,$$

建立等式,得非线性方程 $100(1+p)^{x+1}=30[(1+p)^x-1]/p$. MATLAB 程序如下:

```
fun= inline('100* 1.1^(x+ 1)- 300* (1.1^x- 1)');
x0= fzero(fun,5);
x0+ 1
p= 1.1;S= 100;
```

```
    k= 1;S= S* p;
    pay= S;
    whileS> 0
        k= k+ 1;
        S= S* p;
        S= S- 30;
        pay= [pay,S];
    end
    pay
```

计算结果为

```
ans=  5. 7923
pay=
        110. 0000      91. 0000      70. 1000      47. 1100      21. 8210
    - 5. 9969
```

所以，$x+1=5.7923$，即第六年可以还清贷款. 从第一年开始每年还贷后的欠款如表 6.3 所示.

表 6.3 公司还贷情况

第 k 年	1	2	3	4	5	6
欠款(万元)	110	91	70. 1	47. 11	21. 821	−5. 996 9

§6.2 函数极小值计算

科学和工程的各个领域存在大量的优化问题，结构设计需要优化性能指标，商业和工业中要求降低成本提高效率. 最终计算结果总是与某一目标有关，用数学模型描述就是取控制变量使目标函数达到极大值(或极小值). 由于控制变量总是在一定的范围内变化，所以优化问题通常被描述为在某一区间内求目标函数的最小值(或最大值).

6.2.1 求一元函数极小值

MATLAB 求一元函数在某一区间内的最小值方法如下：

$$Xmin=fminbnd(fun,x1,x2)$$

这里,fun 是已经定义的目标函数,x_1,x_2 是最小值点的搜索区间$[x_1,x_2]$的端点,Xmin 是目标函数在搜索区间内的最小值点. 使用这一命令之前一定要定义目标函数. 另一个命令使用格式为

$$[Xmin,Ymin]=fminbnd(fun,x1,x2)$$

计算输出两个数据,第一个是目标函数的最小值点,第二个是对应的目标函数最小值.

【例 6.7】　求一元函数 $f(x)=0.5-x\exp(-x^2)$ 在区间$[0,2]$内的最小值,并绘出函数图形,标出最小值点.

在命令窗口直接计算:

```
fun= inline('0.5- x.* exp(- x.^2)');
fplot(fun,[0,2]),holdon
[x0,y0]= fminbnd(fun,0,2)
plot(x0,y0,'o')
```

计算结果为

```
x0=      0.7071
y0=      0.0711
```

绘制一元函数在区间$[0,2]$内的曲线以及最小值点如图 6.6 所示.

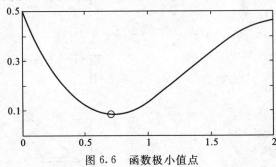

图 6.6　函数极小值点

在实际问题中也存在求函数最大值问题,这时需要将问题转化为求最小值问题用 MATLAB 的方法计算结果,再还原成最大值问题.

【例 6.8】　圆锥容器制作问题. 现有半径 $R=1m$ 的圆形铁板,剪去一个扇形将其制成圆锥容器,问如何切割使容积最大?

分析:如图 6.7 所示,设剪去扇形后,所余下的铁板圆心角为 x,则所围成的圆锥底圆周长为 Rx,圆锥底半径为 $r=Rx/2\pi$,而圆锥高为

$$h = \sqrt{R^2 - r^2} = \frac{R}{2\pi} \sqrt{4\pi^2 - x^2},$$

所以圆锥体积为

$$V = \frac{R^3}{24\pi^2} x^2 \sqrt{4\pi^2 - x^2}, \qquad (0 \leqslant x \leqslant 2\pi).$$

这是一个求一元函数最大值问题, 为了用 MAT-
LAB 的数值方法求解, 将其转化为求一元函数最小
值问题, MATLAB 程序如下:

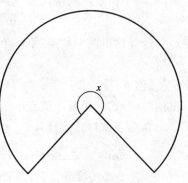

图 6.7　圆锥制作

```
fun= inline('- x. ^2. * sqrt(4* pi^2
- x. ^2)');
x= fminbnd(fun,0,6);
R= 1;
r= R* x/2/pi
h= sqrt(R* R- r* r)
Vmax= pi* r* r* h/3
x0= x* 180/pi
360- x0
t= 3. 2:. 1:6;
yt= fun(t);
plot(t,- yt,x,y,'o')
```

计算结果为

```
r=      0. 8165
h=      0. 5773
Vmax=      0. 4031
x0=      293. 9389
ans=      66. 0611
```

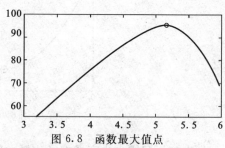

图 6.8　函数最大值点

所以, 圆锥最大容积为 Vmax=0.403 1 m³, 圆锥高度和半径分别为 $h=0.577\ 3$ m, r
=0.816 5 m, 剪去扇形角度应该取 66°, 余下的铁板圆心角约为 $x=294°$.

【例 6.9】　梯子问题的数学模型. 在花园靠楼房处有一温室, 温室伸入花园 2 m,
高 3 m. 温室上方是二层楼房的窗台, 要将梯子从花园地上放靠在楼房墙上不损坏温
室, 用 7 m 长的梯子是否可行?

分析: 设梯子长度为 L, 梯子与地面的角度为 α. 将梯子长度设想为温室上方部分
与温室侧面部分(见图 6.9), 则有第一个数学模型

$$L(\alpha) = \frac{3}{\sin \alpha} + \frac{2}{\cos \alpha}$$

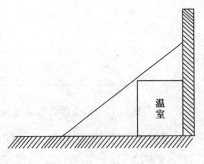

函数的最小值是梯子长度下限,显然 α 的变化的大范围是 $[0, \pi/2]$. 实际计算时将区间适当缩小. 如果设梯子长度为 L, 梯子在花园地面上的放置点距温室的距离为 x. 则有第二个数学模型

$$L(x) = (1 + 2/x)\sqrt{x^2 + 3^2},$$

函数的最小值是梯子长度下限值. 根据实际情况猜测变化范围为 $[2, 4]$.

MATLAB 程序如下:

图 6.9　温室梯子问题

```
fun= inline('3./sin(alpha)+ 2./
cos(alpha)');
figure(1)
fplot(fun,[pi/6,2* pi/5]),holdon
[x0,y0]= fminbnd(fun,0,pi/2)
plot(x0,y0,'o')
fun1=inline('(1+2./x).* sqrt(x.^2+ 9)');
figure(2)
fplot(fun1,[2,4]),hold on
[x1,y1]= fminbnd(fun1,2,4)
plot(x1,y1,'o')
```

程序运行后,得到两个数学模型的计算结果是一致的.

```
x1=        0.8528
L1= 7.0235
x2=        2.6207
L2=        7.0235
```

第一个模型计算出梯子放置角度为 $\alpha = 0.8528$(弧度)时,梯子长度的下限为 $L = 7.0235\mathrm{m}$;第二个模型计算出梯子放置的位置在距温室 $x = 2.6207\mathrm{m}$ 时,梯子长度的下限为 $L = 7.0235\mathrm{m}$. 所以,对于花园的温室规模,梯子长度应该超过 7m. 图 6.10 和图 6.11 显示了两个目标函数最小值点的位置.

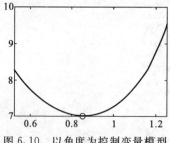

图 6.10 以角度为控制变量模型

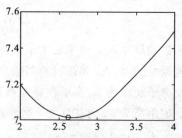

图 6.11 以距离为控制变量模型

【例 6.10】 矿道中的梯子问题. 在一个煤矿的矿道里, 矿工扛了一架梯子打算通过交叉矿道口, 已知横向矿道宽 5m, 纵向矿道宽 3m. 两个矿道相交成 $120°$. 问通过矿道的梯子限长多少?

分析: 设梯子与横向矿道角度为 α, 由于两个矿道相交成 $120°$, 而梯子与纵向矿道夹角为 $(60°-\alpha)$, 如图 6.12 所示. 将梯子长度设想为横向矿道部分和纵向矿道部分之和, 则有目标函数

$$L(\alpha) = \frac{5}{\sin \alpha} + \frac{3}{\sin(\pi/3 - \alpha)},$$

在 MATLAB 命令窗口直接计算:

```
fun= inline('5 /sin(alpha)+3 /sin(pi/3-
alpha)');
[alpha,L]= fminbnd(fun,0,pi/2)
```

得计算结果如下:

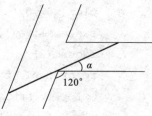

图 6.12 矿道梯子问题

```
alpha= 0.5865
L=     15.7823
```

所以, 对于现有的矿道情况, 允许最大长度为 15.8 m 的梯子通过.

6.2.2 求多元函数极值

1. 求无约束多元函数最小值方法

MATLAB 求多元函数最小值命令与一元函数方法类似, 使用格式为
$$Xmin = fminsearch(fun, x0).$$

【例 6.11】 求二元函数 $z = 2x^3 + 4xy^3 - 10xy + y^2$ 的极小值点.
在 MATLAB 命令窗口中直接计算

```
fun= inline('2* x(1).^3+ 4* x(1).* x(2).^3- 10* x(1).* x(2)+ x
(2).^2');
```

```
x= fminsearch(fun,[0,0])
z= fun(x)
g= inline('2* x.^3+ 4* x.* y.^3- 10* x.* y+ y.^2');
[x1,y1]= meshgrid(- 1:.2:2);
z1= g(x1,y1);
mesh(x1,y1,z1),holdon
x10= x(1);y10= x(2);
plot3(x10,y10,z,'ro')
```

计算结果为

```
x=      1.0016      0.8335
y=      - 3.3241
```

所以,极小值点为$(1.001\ 6,0.833\ 5)$.

2. 求有约束多元函数极值方法

MATLAB 求有约束多元函数极值方法,用有约束条件的函数最小值命令:
$$x = fmincon(fun, x0, A, B)$$

其中,fun 是目标函数,x_0 是猜测值,A 和 B 是控制变量的线性不等式约束的矩阵和列向量. 有约束条件函数最小值问题中的约束条件包括:线性约束和非线性约束,以及控制变量的上限和下限. 一般形式为

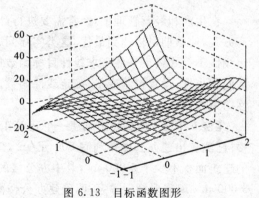

min F(X)

subjectto:A* X< = B,Aeq* X

= Beq(线性约束)

　　　　C (X) < = 0,,Ceq

(X)= 0(非线性约束)

　　　　LB< = X< = UB

图 6.13　目标函数图形

另外两种使用方法如下:

```
x= fmincon(fun,x0,A,B,Aeq,
Beq)
x= fmincon(fun,x0,A,B,Aeq,Beq,LB,UB,nonlcon)
```

【例 6.12】　求下列问题在初始值点$(0,1)$处的最优解:
$$\min x_1^2 + x_2^2 - x_1 x_2 - 2x_1 - 5x_2,$$
$$\text{s. t.} \begin{cases} -(x_1-1)^2 + x_2 \geqslant 0 \\ 2x_1 - 3x_2 + 6 \geqslant 0 \end{cases}.$$

首先定义不等式约束和等式约束：

```
function[c,ceq]= mycon(x)
c= (x(1)- 1).^2- x(2);
ceq= [];
```

MATLAB 程序如下：

```
fun= 'x(1)^2+ x(2)^2- x(1)* x(2)- 2* x(1)- 5* x(2)';
x0= [0,0];
A= [- 2,3];
b= 6;
[x,fval]= fmincon(fun,x0,A,b,[],[],[],[],'mycon')
```

计算结果为

```
x=        3.0000    4.0000
fval=    - 13.0000
```

§6.3   线性规划问题求解

在生产和经营管理中,经常需要进行计划或规划.在现有资源限制下,如何确定生产方案,使预期目标达到最优.这类实际问题常常以线性规划的数学模型描述,即在一组线性不等式约束条件下求线性目标函数的极大或极小值.建立模型的过程是,由实际问题出发,设置控制变量,确定线性函数形式的目标函数.根据资源条件限制写出线性约束条件.

【例 6.13】   建筑公司承建一个建筑工程,项目包括修建某单位的办公楼和住宅楼.已测算出建办公楼获利润 500 元/m²,建住宅楼获利润 600 元/m².该单位计划总的建筑面积不少于 5 000 m²,其中办公楼的面积不能大于 5 000 m²,住宅楼不能大于 3 000 m².现需要制定方案,明确建办公楼面积和建住宅楼面积分别为多少,使得公司获得利润最大.

分析:设公司的方案中计划建办公楼面积 x_1 m²,建住宅楼面积 x_2 m².则有目标函数 $f(x_1,x_2)=50x_1+60x_2$,根据该单位计划有限制条件 $x_1+x_2 \geqslant 5\,000$, $x_1 \leqslant 5\,000$, $x_2 \leqslant 3\,000$.所以有如下线性规划模型：

$$\max f(x_1,x_2)=500x_1+600x_2,$$

$$\text{s. t.} \begin{cases} x_1 + x_2 \geqslant 5\,000 \\ x_1 \leqslant 5\,000 \\ x_2 \leqslant 3\,000 \\ x_1 \geqslant 0, x_2 \geqslant 0 \end{cases}$$

这里,约束条件用 s. t. 表示. 这是一个普通的线性规划问题. 要求决策变量在满足一组线性不等式约束下,使目标函数达到最大值.

记 $c = (500 \quad 600)^{\mathrm{T}}$,$x = (x_1, x_2)^{\mathrm{T}}$,则目标函数可记为 $c^{\mathrm{T}}x$. 将约束条件中数据记为

$$A = \begin{pmatrix} -1 & -1 \\ 1 & 0 \\ 0 & 1 \end{pmatrix}, \qquad b = \begin{pmatrix} -5\,000 \\ 5\,000 \\ 3\,000 \end{pmatrix}.$$

则可以将线性规划模型写成矩阵形式

$$\max c^{\mathrm{T}}x$$

$$\text{s. t.} \quad Ax \leqslant b$$

MATLAB 求解线性规划问题的方法要求模型为求目标函数最小值,有如下形式:

$$\min c^{\mathrm{T}}x$$

$$\text{s. t.} \begin{cases} Ax \leqslant b \\ \text{Aeq}x = \text{beq} \\ e_0 \leqslant x \leqslant e_1 \end{cases}$$

在统一的形式下,MATLAB 求解线性规划问题的方法如下:

$$x = \text{linprog}(C, A, b, Aeq, beq, e0, e1)$$

或同时求出目标函数最小值的使用方法

$$[x, \text{fval}] = \text{linprog}(C, A, b, Aeq, beq, e0, e1)$$

为求解例题 6.13,在 MATLAB 命令窗口直接计算:

```
C=[500,600];
A=[- 1,- 1;1,0;0,1;];
b=[- 5000;5000;3000];
[x,z]= linprog(- C,A,b)
```

由计算结果得,最好的方案是建办公楼面积 $x_1 = 5\,000\text{m}^2$,建住宅楼面积 $x_2 = 3\,000\text{m}^2$. 所获得的利润为 $z = 4\,300\,000$(元).

【例 6.14】 某工厂生产甲、乙两种同类产品,需要用到三种原料. 两类产品中每单位的产品对三种原料的不同的需求量数据如表 6.4 所示.

表 6.4　生产计划问题

原料	甲	乙	原料可供应量
第一种原料(kg)	1	1	3 500
第二种原料(kg)	1	0	1 500
第三种原料(kg)	5	2	10 000
单位产品利润(元)	5	3	

问如何安排生产使总利润最大?

　　分析:设生产甲、乙各 $x_1,x_2(\mathrm{kg})$,则有如下数学模型

$$\max z=5x_1+3x_2,$$

$$\mathrm{s.\,t.}\begin{cases} x_1+x_2\leqslant 3\ 500 \\ x_1\leqslant 1\ 500 \\ 5x_1+2x_2\leqslant 10\ 000 \\ x_1\geqslant 0,x_2\geqslant 0 \end{cases}.$$

用 MATLAB 求解线性规划命令求解时所需的数据结构有

$$\boldsymbol{c}=(-5\quad -3)^{\mathrm{T}},\qquad \boldsymbol{e}_0=(0\quad 0)^{\mathrm{T}},$$

$$\boldsymbol{b}=(3\ 500\quad 1\ 500\quad 10\ 000)^{\mathrm{T}}$$

$$\boldsymbol{A}=\begin{pmatrix} 1 & 1 \\ 1 & 0 \\ 5 & 2 \end{pmatrix}.$$

用 MATLAB 求解程序段如下:

```
c= [5  3];
A= [1  1;1  0;5  2];
b= [3500  1500  10000];
x= linprog(- c,A,b)
z= c* x
```

由计算结果得,这一问题的最优决策是取变量 $x_1=1\ 000,x_2=2\ 500$.对应的目标函数最大值为:$z=12\ 500$.这说明在制定生产计划时安排甲类产品生产 1 000 kg,乙类产品生产 2 500 kg,按照这一计划安排,可以在原料供应量的限制下获得最大的生产利润 12 500 元.制定生产计划表如表 6.5 所示.

表 6.5　生产计划表

	甲	乙	共计
计划生产(kg)	1 000	2 500	3 500
产品利润(元)	5 000	7 500	12 500
第一种原料(kg)	1 000	2 500	3 500
第二种原料(kg)	1 000	0	1 000
第三种原料(kg)	5 000	5 000	10 000

【例 6.15】　某工厂制造 A、B 两种产品,制造 A 每吨用煤 9t,电 4kW·h,3 个工作日;制造 B 每吨用煤 5 吨,电 5kW·h,10 个工作日(见表 6.6).制造 A 和 B 每吨分别获利 7 000 元和 12 000 元,该厂有煤 360t,电力 200kW·h,工作日 300 个可利用.问 A、B 各生产多少吨获利最大.

表 6.6　生产资源表

	A	B	上限
煤(t)	9	5	360
电(kW·h)	4	5	200
工作日(天)	3	10	300
利润(千元)	7	12	

分析:设计划生产 A、B 两种产品分别为 x_1,x_2(t),获得的总利润为 z. 则目标函数

$$z = 7x_1 + 12x_2.$$

约束条件为各种资源的上限

$$\text{s. t.}\begin{cases}9x_1 + 5x_2 \leqslant 360 \\ 4x_1 + 5x_2 \leqslant 200 \\ 3x_1 + 10x_2 \leqslant 300 \\ x_1 \geqslant 0, x_2 \geqslant 0\end{cases}.$$

令

$$c = \begin{pmatrix} 7 \\ 12 \end{pmatrix}, \qquad A = \begin{pmatrix} 9 & 5 \\ 4 & 5 \\ 3 & 10 \end{pmatrix}, \qquad b = \begin{pmatrix} 360 \\ 200 \\ 300 \end{pmatrix}$$

建立数学模型如下:

$$\max z = c^{\mathrm{T}} x$$

$$\text{s. t.} \quad \begin{cases} Ax \leqslant b \\ x \geqslant 0 \end{cases}$$

用 MATLAB 求解线性规划命令求解这一问题,注意将极大值问题转化为极小值问题,以便符合规定的标准形式. 输入数据和求解命令如下:

```
c= [712];
A= [95;45;310];
b= [360;200;300];
x= linprog(- c,A,b)
z= c* x 由最后计算结果得
x=   20
     24
z= 428.00
```

这说明取决策变量 $x_1 = 20, x_2 = 24$. 即计划 A 产品生产 20t,B 产品生产 24t.

§6.4 实 验 范 例

6.4.1 多项式计算与求根

著名的维尔金森实验揭示了 20 次多项式零点计算的敏感性. 用六次多项式扰动实验会明确说明这一结论.

1. 实验内容

求六次多项式 $P(x) = (x-1)(x-2)(x-3)(x-4)(x-5)(x-6)$ 展开式及其导函数,利用求多项式零点命令求多项式的极值点,绘多项式函数图. 做灵敏度分析实验:将五次项系数做微小扰动 ε 变为 $\tilde{a}_5 = a_5 + \varepsilon$,观察六个根的变化情况.

2. 实验目的

了解多项式函数的振荡性,掌握多项式函数值计算方法和导数值计算方法,了解多项式零点计算的敏感性.

3. 实验原理

用 poly() 命令求多项式展开式 $P(x) = a_6 x^6 + a_5 x^5 + a_4 x^4 + a_3 x^3 + a_2 x^2 + a_1 x + a_0$,由导数表达式 $P'(x) = 6a_6 x^5 + 5a_5 x^4 + 4a_4 x^3 + 3a_3 x^2 + 2a_2 x + a_1$ 直接得导数系数(即由原多项式前六个系数分别乘以各项幂指数),将多项式求根命令 roots() 用于多项式导数得极值点. 灵敏度分析实验需对扰动多项式 $W(x) = P(x) + \varepsilon x^5$ 求零点.

4. 实验程序

程序一(求极值点并绘图程序):

```
t= linspace(1,6,100);
x0= 1:6;P= poly(x0)
ut= polyval(P,t);
n= 6:- 1:1;
dP= n.* P(1:6);
dut= polyval(dP,x0)
dx0= roots(dP)
du0= polyval(P,dx0)
plot(t,ut,x0,zeros(1,6),'bo',dx0,du0,'ro')
gridon
```

程序二(多项式系数扰动灵敏度分析实验):

```
epsno= input('inputepsno:= ');
x0= 6:- 1:1;
P= poly(x0);
W= P;W(2)= W(2)+ epsno;
x= roots(W)
error= max(abs(x- x0'))
```

5. 实验结果及分析

第一个程序运行结果可得多项式

$$P(x) = x^6 - 21x^5 + 175x^4 - 735x^3 + 1\ 624x^2 - 1\ 754x + 720\ ,$$

由此可知,六个零点之和为多项式的五次项系数反号,六个零点之积为多项式的常数项. $x=1,2,3,4,5,6$ 是 $P(x)$ 的零点, $P'(x)$ 在这些零点处的值如表 6.7 所示.

表 6.7　零点处的导数值

x	1	2	3	4	5	6
$P'(x)$	-120	24	-12	12	-24	120

导数值数据显示, $x=1$ 处和 $x=6$ 处多项式变化剧烈;在零点处导数值正负交错,说明多项式具有振荡性质. $P'(x)$ 的零点及 $P(x)$ 在这些零点处的值给出了极值点坐标,如表 6.8 所示.

表 6.8　极值点坐标数据

x	5.663 4	4.573 7	3.500 0	2.426 3	1.336 6
y	−16.900 9	5.049 0	−3.515 6	5.049 0	−16.900 9

对比两张表中数据知,多项式每两相邻零点之间有一极值点.图 6.14 也验证了分析结论.

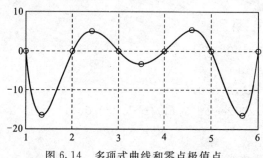

图 6.14　多项式曲线和零点极值点

多项式扰动实验数据结果如表 6.9 所示.

表 6.9　系数扰动导致根变化

系数扰动值	$\varepsilon = 0.1$	$\varepsilon = 0.01$	$\varepsilon = 0.001$
x_6	6.093 1+1.907 4i	5.682 4+0.658 9i	5.927 8
x_5	6.093 1−1.907 4i	5.682 4−0.658 9i	5.131 3
x_4	2.904 2+0.911 7i	3.318 9+0.235 7i	3.920 1
x_3	2.904 2−0.911 7i	3.318 9−0.235 7i	3.021 1
x_2	1.904 7	1.987 3	1.998 7
x_1	1.000 8	1.000 1	1.000 0
误差最大模	2.198 4	0.948 6	0.131 3

数据表明,多项式系数变化越大将导致多项式零点变化越大.微小的系数变化也会导致零点变化.说明多项式的零点计算对系数变化的敏感性很高.

6. 实验结论和注记

多项式 P 的六个零点均为一重零点,每两个零点之间有唯一极值点.多项式的曲线具有振荡性质,在处振荡的幅度相对其他零点处较大.如果对六次多项式套用维尔金森实验的程序,将不会有发现多项式零点计算的敏感性,改变系数的灵敏度实验的结论与著名的维尔金森实验的结论是一致的.实际上,零点的灵敏度量化计算公式可

参考下面公式

$$\Delta x \approx \frac{-\varepsilon x^k}{P'(x) + \varepsilon k x^{k-1}} \approx \frac{-\varepsilon x^k}{P'(x)}.$$

6.4.2　牛顿迭代法求收敛域

牛顿迭代法是求解非线性方程的经典算法,对于非线性方程组仍然有效.但对任意的迭代初值,可能导致迭代不收敛.即使初值使迭代法收敛,另一个有趣问题是"迭代序列将收敛于哪一个根"?

1. 实验内容

Newton 迭代法可以用于求方程 $z^3 - 1 = 0$ 的复根,该方程在复平面上三个根分别是

$$z_1 = 1, \quad z_2 = -\frac{1}{2} - \frac{\sqrt{3}}{2}\mathrm{i}, \quad z_3 = -\frac{1}{2} + \frac{\sqrt{3}}{2}\mathrm{i}.$$

不同的初始值可能导致不同的计算结果.取复平面上点做为迭代初值,牛顿迭代法可能收敛到这三个根之一,将所有导致收敛的初值点分类,并以数字图像显示出来.

2. 实验目的

了解 Newton 迭代法解方程 $z^3 - 1 = 0$ 的数学思想,掌握用矩阵制作数字图像技术.

3. 实验原理

选择中心位于坐标原点,边长为 4 的正方形区域内的任意点 (x, y),以复数 $z = x + \mathrm{i}y$ 作初始值 p_0,利用牛顿迭代公式

$$p_{n+1} = p_n - \frac{p_n^3 + 1}{3 p_n^2}, \qquad (n = 0, 1, \cdots)$$

计算.将不收敛的点定义为第一类,再把收敛到三个根的初值分为三类,分别标上不同颜色.为了制做数字图像,选取正整数 $N(N = 200)$,记 $h = 4/N$.迭代初始点集合为

$$\Omega_h = \{(x_j, y_k) \mid x_j = jh - 2, y_k = kh - 2. j, k = 0, 1, \cdots, N\}$$

构造复数 $z_{jk} = x_j + \mathrm{i}y_k$,将其取为初始值 p_0,代入牛顿迭代公式计算.由于牛顿迭代法收敛速度较快,如果迭代收敛,则迭代 10 次已经达到足够精度.对于这些点,逐一取为牛顿迭代法取初值进行迭代实验,为了记录实验结果,构造四个阶数均为 201×201 矩阵:Z_0、Z_1、Z_2、Z_3,开始时这四个矩阵都设为全零矩阵.如果以 z_{jk} 为初值的迭代实验结果不收敛,则将 Z_0 的第 j 行第 k 列的元素改写为 1;如果以 z_{jk} 为初值的迭代实验结果是收敛到第一个根,则将 Z_1 的第 j 行第 k 列的元素改写为 1;如果以 z_{jk} 为初值的迭代实验结果是收敛到第二个根,则将 Z_2 的第 j 行第 k 列的元素改写为 1;如果以 z_{jk} 为初值的迭代实验结果是收敛到第三个根,则将 Z_3 的第 j 行第 k 列的元素改写为 1.显然

四个矩阵的元素都是"0"和"1",为了将收敛区域四种情况绘制到一个数字图像上,将四个矩阵按不同区分度叠加为 $Z=Z_0+2Z_1+3Z_2+4Z_3$,矩阵 Z 反映了各个点的收敛情况.

4. 实验程序

```
X= roots([1,0,0,- 1]);              % 利用 MATLAB 命令求三次方程的根
r1= X(1);r2= X(2);r3= X(3);
N= 200;h= 4/N;                       % 确定网格点规模和网格步长
Z0(N+ 1,N+ 1)= 0;Z1= Z0;Z2= Z0;Z3= Z0;  % 定义四个矩阵为全零矩阵
t= (- 2:h:2)+ eps;
[x,y]= meshgrid(t);                 % 确定网格点坐标
z= x+ y* i;
forj= 1:N+ 1
    fork= 1:N+ 1
        p= z(j,k);                  % 提取迭代初始点
        forn= 1:10
            p= p- (p- 1/p^2)/3;     % 牛顿迭代操作
        end
        ifabs(p- r1)< 0.01
            Z1(j,k)= 1;             % 确定收敛到第一个根的初始点
        elseifabs(p- r2)< 0.01
            Z2(j,k)= 1;             % 确定收敛到第二个根的初始点
        elseifabs(p- r3)< 0.01
            Z3(j,k)= 1;             % 确定收敛到第三个根的初始点
        else
            Z0(j,k)= 1;             % 确定不收敛的初始点
        end
    end
end
Z= Z0+ 2* Z1+ 3* Z2+ 4* Z3;
figure(1)
pcolor(x,y,Z),shadinginterp        % 绘制牛顿迭代法收敛域
figure(2)
pcolor(x,y,z0),shadinginterp       % 绘制牛顿迭代法不收敛域
```

5. 实验结果及分析

矩阵 Z 的元素由 $1,2,3,4$ 四个元素组成,如果第 j 行第 k 列的元素为 1,则对应的点 (x_j, y_k) 构造的复数 $x_j + \mathrm{i}y_k$ 为牛顿迭代的初始点是不收敛的. 同理,第 j 行第 k 列的元素为 2,则对应的点 (x_j, y_k) 构造的复数 $x_j + \mathrm{i}y_k$ 作为牛顿迭代的初始点收敛到第一个根,归为第一类;第 j 行第 k 列的元素为 3,则 $x_j + \mathrm{i}y_k$ 作为牛顿迭代的初始点收敛到第二个根,归为第二类;第 j 行第 k 列的元素为 4,则 $x_j + \mathrm{i}y_k$ 作为牛顿迭代的初始点收敛到第三个根,归为第三类. 在图 6.15 中第一类的点着红色,第二类的点着蓝色,第三类的点着黄色,不收敛的初值点归为第四类,在图中着深蓝色.

6. 实验结论和注记

分析矩阵 Z_0 的数据,由于该矩阵在开始时刻为全零矩阵,而在迭代实验结束后,不收敛的点对应元素被改写为"1". 所以,矩阵的元素只可能是"0"或"1",根据该矩阵的全部的非零元素所在的位置可知存在使牛顿迭代法不收敛的初始点.

注:导致牛顿迭代法不收敛的初始点所形成的平面点集是一个著名的集合,称为茹莉亚集,是以纪念法国女数学家茹莉亚而命名.

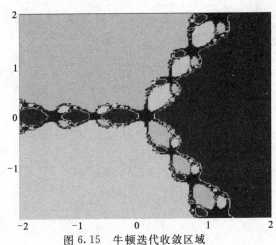

图 6.15　牛顿迭代收敛区域

6.4.3　T 形通道的设计

大型企业在进行厂房规划设计时,必须考虑大型设备(锅炉、汽轮机、发电机等)的放置空间. 如何将设备顺利安装到位涉及到运输通道的设计问题. 大型设备的运输和安装,提出了 T 形通道的设计问题. 根据设备尺寸确定目标函数,利用函数求最大、最小值方法确定出 T 形通道的最佳尺寸.

1. 实验内容

假设某企业新购置一台长为 L、宽为 D 的设备,要从 A 处经过 T 形通道运抵 B 处并安装在 B 处. 已知 T 形通道的 U 通道宽度 a 已经确定(不可以加宽),而通道 V 的宽度还可以改变(见图 6.16). 问如何设计通道 V 的宽度 x 使大型设备顺利运送到位,且不因为运送该设备而使通道 V 所占用过多空间.(例如,取 $a=3$ m,$L=6$ m,$D=2$ m 计算)

2. 实验目的

了解实际问题到数学模型的转换过程,

3. 实验原理

记设备在运送过程拐弯时与 U 通道右壁之间夹角为 α，由拐角问题的数学模型

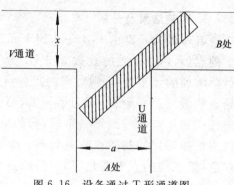

$$L = \frac{a - D\cos \alpha}{\sin \alpha} + \frac{x - D\cos\left(\frac{\pi}{2} - \alpha\right)}{\sin\left(\frac{\pi}{2} - \alpha\right)},$$

整理，得目标函数

$$x(\alpha) = D\sin \alpha + \cos \alpha \left(L - \frac{a - D\cos \alpha}{\sin \alpha}\right),$$

图 6.16　设备通过 T 形通道图

该函数的最大值 Xmax 即是 V 通道的宽度的下限值.

4. 实验程序

```
data= input('input[DL]= ');
a= 3;D= data(1);L= data(2);
alpha= .1:.1:pi/2;
x= D* sin(alpha)+ cos(alpha).* (L- (a- D* cos(alpha))./sin(al-
pha));
plot(alpha,x),holdon
[Xmax,II]= max(x);
alfa= alpha(II)
plot(alfa,Xmax,'ro')
Xmax
```

5. 实验结果及分析

运行程序后，输入数据：$[2,6]$，即对于 U 通道宽 $a = 3$，设备长 $L = 6$，设备宽 $D = 2$，得 V 通道的宽度下限：Xmax $= 4.1319$. 图 6.17 是函数 $x(\alpha)$ 在区间 $(0, \pi/2)$ 的图形，以及最大函数值点的标记

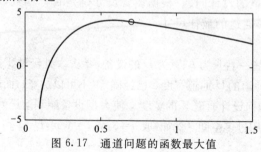

图 6.17　通道问题的函数最大值

对于 U 通道的宽度 $a=3$，取不同的设备长度 L 和宽度 D 的数据，计算出不同的 V 通道宽度下限值如表 6.10 所示.

表 6.10　通道梯子长度数据

L D	4	5	6	7
2	2.661 2	3.367 0	4.131 9	4.934 3
3	4.292 4	5.230 1	6.185 4	7.161 5

6. 实验结论

问题中的 U 通道宽度下限值可以保证设备滑动顺利通过 T 形通道，实际操作应当将数据放大一点，这样更为合理.

§6.5　实　验　课　题

6.5.1　罐装饮料的制罐用料问题

可口可乐（或百事可乐）易拉罐的规格几乎是统一的圆柱体，其高度是直径的两倍. 这样的规格似乎是别有用意，而消费者也习惯了这种规格，一听饮料为 350 mL.

1. 实验内容

设饮料罐外壳是圆柱形，体积 $V=350$ mL，设柱体底半径为 r，柱体高为 h，如图 6.18 所示. 若柱体上、下底厚度分别是柱体侧面厚度的 2 倍，制做饮料壳时最佳的方案中高度和底半径分别为多少? 一般的情况下，当半径和高度之比是多少时，用料最少? 消费市场上常见的可口可乐和百事可乐易拉罐饮料壳大约是 $r:h=1:4$，试分析这种比例是否使用料最省?

2. 实验目的

了解建立数学模型的方法，用数值试验结果进行猜测，并进一步论证的过程.

3. 实验原理

假设饮料罐侧面厚度为 1 个厚度单位，上底与下底厚度为两个单位，则由圆柱体侧面积计算公式得用料量为

$$S(r,h)=2\pi rh+4\pi r^2,$$

这里，h 表示饮料罐高度，r 表示饮料罐半径. 显然饮料罐用料量是 r 和 h 的二元函数，但是在容积 V 确定的前提下，饮料罐的半径和高度相互联系，受约束条件控制. 由于

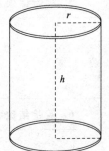

图 6.18　饮料罐

饮料罐容量为 V，故有约束条件

$$\pi r^2 h = V,$$

使函数 $S(r,h)$ 有意义的自变量的变化范围称为**求解域**，即

$$\Omega = \{(r,h) \mid 1 \leqslant r \leqslant \sqrt{V/\pi}, \quad 1 \leqslant h \leqslant V/\pi\}.$$

其中满足约束条件的点集称为**可行域**，即曲线 $h(r) = V/\pi r^2$ 上的点，将满足约束条件的 h 代入 S 表达式中，得一元函数

$$S(r) = \frac{2V}{r} + 4\pi r^2,$$

求出并说明满足约束条件且使 S 取最小值的 r 和 h，首先在求解域内绘出约束条件所确定的曲线并标出最优点的位置；然后绘出一元函数图形并标出极小值点位置；在求解区域内绘出二元函数图形并标出最优点的位置；最后给出计算所得最优点 (r,h,S) 的数据.

4. 实验程序

5. 实验结果及分析

6. 实验结论和注记

6.5.2   最短路径计算

高楼林立的现代化城市如同一个矩阵，每一个街区如同矩阵中的一个元素. 观光团通过这一城市时，从左下角街区进入，从右上角街区离开. 每经过一个街区需要花费时间不一样. 如何设计一条路线，使得通过城市的时间最少.

1. 实验内容

在一个 4×4 数字矩阵中,每个数字表示通过该街区所花费时间.观光团从矩阵左下角街区(1,1)开始,沿向右或向上的方向前往右上角街区(4,4)访问观光,要求找一条行进路径使时间花费最少.

2. 实验目的

了解最小费用计算和最短路径的表示方法.掌握矩阵数据的提取和存放方法.

3. 实验原理

由于行进只能向上或向右走.所以,观光图在街区(1,1)处的行进路径方向取决于街区(1,2)和街区(2,1)到街区(4,4)花费的最少时间.而观光团在这两个街区处行进的方向又取决于该街区右边和上边街区到街区(4,4)所花费的时间,……

设观光团通过街区(i,j)的时间花费为 w(i,j),记 d(i,j)为街区(i,j)到街区(4,4)的最小时间花费.则

$$d(i,j) = w(i,j) + \min(d(i+1,j), d(i,j+1))$$

这种分阶段计算的方法就是动态规划算法.

表 6.11　各街区费用列表

2	8	2	1
2	2	3	1
8	5	4	9
2	1	5	7

4. 实验程序

5. 实验结果及分析

6. 实验结论和注记

思考与复习题六

1. 计算以 $x = 1, 2, 3, 4, 5$ 为五个根的五次多项式系数,写出五次多项式表达式,并绘出五次多项式的函数曲线.

2. 设计简单程序,其功能为输入任意正整数 n 计算 n 次单位根,同时绘单位圆及单位根在圆上分布图,验证 n 个单位根之和为零.

3. 求下列代数方程的根

(1) $3x^2 + x^2 = x + 5$ ；   (2) $x^4 = x^3 + 10$ ；   (3) $x^6 + x = 1$.

4. MATLAB 命令 R＝roots([1,−2,4]);sum(R),prod(R)计算结果为多少?

5. MATLAB 命令 P＝[1,6,11,6];R＝roots(P);prod(R([1,2]))+prod(R([1,3]))+prod(R([2,3]))的计算结果是多少?

6. 绘函数 $f(x) = x^3 - x^2 - x + 1$ 曲线,并在曲线上标出的零点、极值点和拐点.

7. 对不同的 $E(E<1)$,求解开普列方程: $x = \pi/4 + E\sin x$.

8. 分析函数零点的近似值或区间,用 MATLAB 求零点命令计算零点:

(1) $\sin x = 6x + 5$ ；   (2) $\cos^2 x + 6 = 0$ ；   (3) $\ln x + x^2 = 3$.

9. 分析方程 $\sin x = \cos x$ 的解的范围,并求区间 $[0,1]$ 中的解.

10. 分析方程 $\tan x = x$ 的根的范围,并求最小正根.

11. 分析方程 $\exp(-x) - \sin x = 0$ 根的分布情况,并求最小正根.

12. 把 1 m^3 的水放入半径为 1 m 的球形罐里,求水能达到的高度.

13. 蛛网模型描述市场变化的循环现象:若去年产品供大于求会导致价格降低;由价格降低引起今年产品供应量减少,导致供不应求;由供不应求引起价格上扬,导致明年产品量增加;又造成新的供大于求,……. 如果维持消费水平和生产模式,并假定产量与价格之间是线性关系见表 6.12,问多少年后产量和价格会趋于稳定? 利用产量和价格数据建立递推关系,绘制蛛网图.

表 6.12　供求关系图

年份	1991	1992	1993	1994
X_n	30	25	25	28
Y_n	6	6	8	8

14. 对梯子问题的数学模型: $L(\alpha) = \dfrac{2}{\cos \alpha} + \dfrac{3}{\sin \alpha}$,用均值不等式做分析,分析结果与计算结果有何不同.

15. 有 A、B、C 三个村庄,设坐标分别为 $A(0,0)$、$B(8,0)$、$C(5,6)$. 为了修筑三村之间的公路,现要寻求一个点 H,其坐标设为 (x,y),使得 $AH + BH + CH$ 为最短,并求出 $AH + BH + CH$ 的最小值.试建立数学模型,根据已有的数据求解.

16. 从甲城调出水果 $2\,000\text{t}$,从乙城调出水果 $1\,100\text{t}$,分别供应 A 地 $1\,700\text{t}$,B 地 $1\,100\text{t}$,C 地 200t,D 地 100t,每吨运费(元)如表 6.13 所示.

表 6.13 水 果 运 费 　　　　　　　单位:元/t

	A 地	B 地	C 地	D 地
甲城	21	25	7	15
乙城	51	51	37	15

建立线性规划模型并求解,为确定运费最省的调拨计划提供数据支持.

第7章　微分方程实验与计算机模拟

微分方程数值求解方法不同于符号求解方法,数值方法比符号方法应用更广泛,是工程计算中的重要方法.MATLAB 高级命令可以对一阶常微分方程或一阶常微分方程组求数值解,而高阶常微分方程则需要转化为一阶常微分方程组再进行计算.

§7.1　常微分方程数值求解

在人口研究理论中,马尔萨斯(Malthus)模型和逻辑斯(Logistc)模型是两个经典模型.它们都以一阶常微分方程形式出现,两个模型的数值解,是根据具体微分方程直接解算出的数值数据(可绘制成曲线).这些数据(或曲线)将反映微分方程解函数的变化规律.

7.1.1　求解一阶常微分方程初值问题

一阶常微分方程初值问题常规形式如下

$$\begin{cases} y' = f(x,y) \\ y(x_0) = y_0 \end{cases}.$$

方程右端函数 $f(x,y)$ 是唯一确定的.MATLAB 求解常微分方程的数值方法是根据右端函数创建函数文件,然后调用该函数求出数值解.命令使用格式如下:

$$[T,Y] = \text{ode23}(\text{fun},[t0,tN],Y0)$$

这里,输出参数 T 是自变量离散数据,Y 是对应于 T 的函数值.T 和 Y 构成常微分方程解函数的函数表.fun 是根据方程右端函数创建的函数文件名,[t0,tN] 是求解区域,Y_0 是未知函数在初始时刻的函数值.

在使用命令 ode230 之前,一定要创建函数文件,在调用时将函数文件名置于单引号内.如果省略输出参数,直接用格式

$$\text{ode23}(\text{fun},[t0,tN],Y0)$$

可输出解函数的图形.

【例 7.1】　以 1994 年我国人口 12 亿为初值,分别计算马尔萨斯模型和逻辑斯模型的数值解.

用 $y(x)$ 表示人口数量,r 表示人口变化率,马尔萨斯模型和逻辑斯模型的微分方

程分别为

$$\frac{\mathrm{d}y}{\mathrm{d}x} = ry\ ; \qquad \frac{\mathrm{d}y}{\mathrm{d}x} = ry\left(1 - \frac{y}{K}\right).$$

这里，K 表示人口上限（也称为环境容量）.

首先创建两个函数文件，用于定义两个常微分方程的右端函数.

```
functionz= fun1(x,y)        functionz= fun2(x,y)
z= 0.015* y;                z= 0.03* y. * (1- y. /30);
```

第一个函数文件以 fun1.m 命名，用于描述马尔萨斯模型，取人口增长率 $r=0.015$. 第二个函数文件以 fun2.m 命名，描述逻辑斯模型，取人口增长率 $r=0.03$，环境容量为 30（亿）.

在 MATLAB 命令窗口直接计算：

```
figure(1)
ode23('fun1',[1994,2040],12);
figure(2)
ode23('fun2',[1994,2040],12)
```

计算结果是两个方程数值解的图形，如图 7.1 和图 7.2 所示.

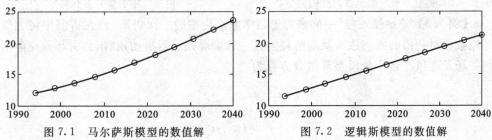

图 7.1　马尔萨斯模型的数值解　　　图 7.2　逻辑斯模型的数值解

【例 7.2】　一阶常微分方程的向量场实验. 考虑一阶常微分方程初值问题

$$\begin{cases} y' = 2(x-y) \\ y(0) = 0.8 \end{cases}.$$

微分方程右端函数 $f(x,y) = 2(x-y)$ 值是解函数 $y(x)$ 的导数值. 由导数几何意义知，导数值确定了解曲线在该处的切线方向. 在 x-y 平面有限区域内 $f(x,y)$ 的所有函数值确定了平面向量场. 应用 MATLAB 的羽箭图绘制命令 quiver() 表示 $f(x,y) = 2(x-y)$ 在区域

$$D = \{(x,y) \mid 0 \leqslant x \leqslant 1.5, 0 \leqslant y \leqslant 1.5\}$$

内确定的向量场. 程序如下：

```
[x,y]= meshgrid(0:.1:1.5);        % 创建区域网格点
f= 2* (x- y);                     % 计算网格点处函数值
d= sqrt(1+ f.^2);
px= 1./d;py= f./d;                % 将切线的向量单位化
quiver(x,y,px,py)                 % 根据网格点和切向量绘羽箭图
axis([0,1.5,0,1.5])
```

程序运行后将绘出表示微分方程几何意义的向量场羽箭图,如图 7.3 所示.

注:一阶常微分方程通解的几何意义是曲线簇,如果由初值条件确定特解,特解将对应曲线簇中一条曲线,如图 7.4 所示.

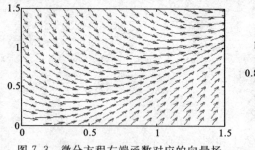
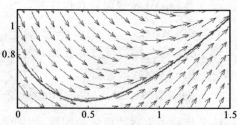

图 7.3　微分方程右端函数对应的向量场　　　图 7.4　向量场中的微分方程特解

【例 7.3】 "蝴蝶效应"一词来源于数学家洛伦兹的一次讲演. 他在讲演中将大气环流数据对初值的敏感性形象地解释为:"一只蝴蝶在巴西扇动翅膀,会引起德克萨斯州一场龙卷风."洛伦兹模型常微分方程为

$$\begin{cases} \dfrac{\mathrm{d}x}{\mathrm{d}t}=-\beta x+yz \\[2mm] \dfrac{\mathrm{d}y}{\mathrm{d}t}=-\sigma(y-z) \\[2mm] \dfrac{\mathrm{d}z}{\mathrm{d}t}=-xy+\rho y-z \end{cases} \quad ,t\in[0,80].$$

取 $\beta=8/3,\sigma=10,\rho=28$. 初值:$x(0)=0,y(0)=0,z(0)=0.01$. 利用 MATLAB 求解常微分方程数值解命令计算出 $t\in[0,80]$ 内,三个未知函数的数据,并绘出相空间在 y-x 平面的投影曲线.

分析:常微分方程组右端函数为

$$f_1(t,x,y,z)=-8x/3+yz;$$

$$f_2(t,x,y,z)=-10(y-z);$$

$$f_3(t,x,y,z)=-xy+28y-z.$$

记向量 $\boldsymbol{y}=(y_1,y_2,y_3)^{\mathrm{T}}$,将右端函数写成矩阵形式

$$f(t,\boldsymbol{y})=\begin{pmatrix} -8/3 & 0 & y_2 \\ 0 & -10 & 10 \\ -y_2 & 28 & -1 \end{pmatrix}\begin{pmatrix} y_1 \\ y_2 \\ y_3 \end{pmatrix}.$$

创建 MATLAB 函数文件如下:

```
functionz= flo(t,y)
A= [- 8./3,0,y(2);0,- 10,10;- y(2),28,- 1];
z= A* y;
```

在命令窗口直接计算常微分方程组的解:

```
[T,Y]= ode23('fly',[0,80],[00.01]);
x= Y(:,1);y= Y(:,2);z= Y(:,3);
figure(1),plot(y,x)
figure(2),plot(z,x)
figure(3),plot(y,z)
```

计算结果绘图如图 7.5~图 7.7 所示.

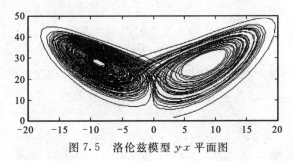

图 7.5　洛伦兹模型 y-x 平面图

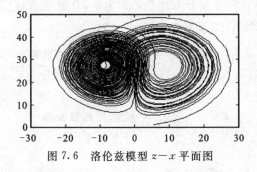

图 7.6　洛伦兹模型 $z-x$ 平面图

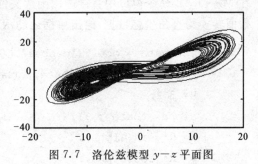

图 7.7　洛伦兹模型 $y-z$ 平面图

7.1.2 求解二阶常微分方程初值问题

当常微分方程中出现了未知函数的二阶导数时,就称为二阶常微分方程. 一般的二阶常微分方程形式如下:

$$\begin{cases} y'' = f(x, y, y') \\ y(0) = y_{10}, \quad y'(0) = y_{20} \end{cases}.$$

通常是将一个二阶常微分方程转换为一阶常微分方程组,再使用 MATLAB 的数值方法求解. 令 $y_1(x) = y(x)$,$y_2(x) = y'(x)$,则二阶方程降阶为一阶方程组

$$\begin{cases} y'_1 = y_2 \\ y'_2 = f(x, y_1, y_2) \end{cases}.$$

初始条件化为 $y_1(0) = y_{10}, y_2(0) = y_{20}$.

【例 7.4】 单摆的数学模型. 求 $\theta = \theta(t)$ 满足二阶非线性常微分方程

$$\theta' = -a\sin\theta, \quad t \in [0, 2]$$

其中,$a = g/L, L = 3.2$,初值条件:$\theta(0) = 0.4, \theta'(0) = 0$.

分析:令函数 $\theta = y_1(t)$,函数的一阶导数 $\theta' = y_2(t)$,则二阶常微分方程转化为一阶常微分方程组问题

$$\begin{cases} y'_1 = y_2 \\ y'_2 = -a\sin y_1 \end{cases}.$$

对应的初值条件为 $y_1(0) = 0.4, y_2(0) = 0$. 根据已经转化后的一阶常微分方程组,创建函数文件如下:

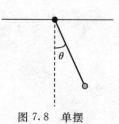

```
functionz= danbai(x,y)
z(1,:)= y(2);
z(2,:)= - 9.8* sin(y(1))/3.2;
```

图 7.8 单摆

在 MATLAB 命令窗口中直接调用函数文件计算常微分方程组的数值解,并将角位移数值转换为直角坐标数据,绘出单摆运动示意图,如图 7.8 所示.

```
[t,thata]= ode23('danbai',[0,2],[0.4,0])      % 获得数值解的数据
figure(1),plot(t,thata,t,thata,'o')           % 根据数值解绘图
R= 3.2;
alpha= thata(:,1);                            % 提取角位移数据
x= R* sin(alpha);                             % 计算直角坐标
y= R* cos(alpha);
X= [0,0];Y= [0,- 3.5];                        % 设对称轴
```

figure(2),plot(x,- y,x,- y,'o',X,Y,'LineWidth',2)　　% 绘单摆示意图

计算结果显示出自变量 t 的离散数据和函数值变量 thata 的两列数据,两列数据中第一列是函数值本身,第二列是导函数,由于数据量较大这里没有列出. 而单摆问题的数值解所绘图形如图 7.9 所示.

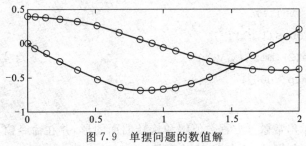

图 7.9　单摆问题的数值解

根据初始条件判断,图中位于上方的曲线是单摆问题中的角位移数值解所绘曲线,而下方曲线是角速度数值解所绘曲线.

【例 7.5】　极小旋转曲面模型. 设通过两点 (a,A),(b,B) 的曲线用函数 $y=y(x)$ 表示,将曲线绕 x 轴旋转形成旋转曲面. 如果这条曲线使旋转曲面的面积最小,则该曲线的函数满足如下常微分方程

$$y'' = \frac{1+y'^2}{y}.$$

利用 MATLAB 方法求常微分方程数值解,并绘旋转曲面.

分析:由于曲线满足的常微分方程问题是两点边值问题,将其简化为初值问题,设 $a=0$,$A=1$,$b=2$,B 待定(由 a 点的导数值为零替代). 给出初始条件为:$y(0)=1$,$y'(0)=0$.

将二阶常微分方程转化为一阶常微分方程组

$$\begin{cases} y'_1 = y_2 \\ y'_2 = (1+y_2^2)/y_1 \end{cases}.$$

根据转化后的一阶常微分方程组,创建函数文件如下:

```
functionz= fun(x,y)
z(1,:)= y(2);
z(2,:)= (1+ y(2).^2)./y(1);
```

设计 MATLAB 程序调用函数文件计算常微分方程组的数值解,并利用数值解绘制旋转曲面图形. 程序如下:

```
[X,Y]= ode23('fun',[0,2],[1,0]);
```
　　　　　　　　　　　　　　　　　　　% 获得数值解的数据

```
R= Y(:,1);
figure(1),plot(X,R,'k',X,R,'ko')          % 用数值解绘图形
t= 2* pi* (0:30)/30;
y= R* cos(t);                             % 计算旋转曲面坐标
z= R* sin(t);
x= X* ones(1,31);
figure(2),mesh(x,y,z)                     % 绘空间旋转曲面图
colormap([000])
max(R)
```

程序运行后,显示出常微分方程数值解和旋转曲面图形,并在命令窗口显示出曲线上右端点的高度值,如图 7.10 和图 7.11 所示

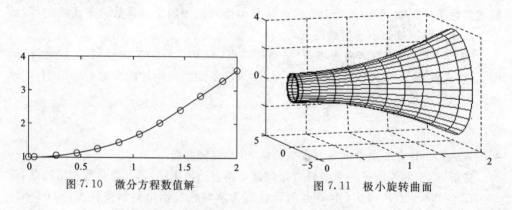

图 7.10 微分方程数值解   图 7.11 极小旋转曲面

所以,曲线在右端点处的值为 $y(2) = 3.7627$. 即通过平面上两点 $(0,1)$,$(2, 3.7627)$ 的一条曲线绕 x 轴旋转后产生旋转曲面,其面积最小.

【例 7.6】 追击曲线模型. 欧洲文艺复兴时期著名人物达·芬奇曾提出狼追兔子问题.一只兔子在它的洞穴南面 60 码处觅食时,一只饿狼出现在兔子正东的 100 码处.两只动物同时发现对方以后,兔子奔向自己的洞穴,狼以快于兔子一倍的速度紧追兔子不放.狼在追赶过程中所形成的轨迹就是追击曲线.试绘出追击曲线图形,并确定狼是否会在兔子跑回洞穴之前追赶上兔子?

建立平面直角坐标系,将坐标原点放置在兔子的初始位置处,追击曲线问题的数学模型可用微分方程描述为

$$\begin{cases} y'' = \dfrac{\sqrt{1+(y')^2}}{2x} \\ y(100) = 0, \quad y'(100) = 0 \end{cases}.$$

分析：初值条件给出 $x=100$ 时，函数值和导数值均为零，微分方程的求解区域为 $[0,100]$. 故曲线是以狼追击兔子的方向，即 x 小于 100 向 $x=0$ 的方向变化. 这不符合 MATLAB 数值方法对微分方程初值问题的常规形式要求. 故先做自变量变换 $\tilde{x} = 100 - x$, 不妨将变换后的自变量仍记为 x. 微分方程初值问题化为可以用 MATLAB 求解的形式

$$\begin{cases} y'' = \dfrac{\sqrt{1+(y')^2}}{2(100-x)} \\ y(0) = 0, \quad y'(0) = 0 \end{cases}.$$

此时，微分方程求解区域化为 $[0,100]$，当自变量取区间右端点时，方程的右端函数无意义，故计算时将求解区间右端点 100 替换为略小于 100 的数而不影响计算结果. 求解这个数学模型，最后需要用自变量的逆变换处理. 将二阶常微分方程转换为一阶常微分方程组

$$\begin{cases} y_1' = y_2 \\ y_2' = \dfrac{\sqrt{1+y_2^2}}{2(100-x)} \end{cases}.$$

创建函数文件如下：

```
functionz= fun(x,y)
z(1,:)= y(2);
z(2,:)= sqrt(1+ y(2).^2)./(2* (100- x));
```

直接在 MATLAB 命令窗口中调用函数文件计算：

```
[X,Y]= ode23('fun',[0,100- 0.01],[0,0]);   % 获得数值解的数据
y= Y(:,1);
plot(100- X,y,'k',100- X,y,'ko')      % 根据数值解绘追击曲线图形
max(y)
```

计算显示追击曲线最顶上的点纵坐标为 65.6144 大于 60，说明狼无法追上兔子. 由此可知，追击曲线在起点处和终点处的函数值分别为 $y(100)=0$, $y(0)=65.6144$. 曲线图形如图 7.12 所示.

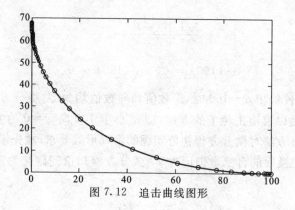

图 7.12　追击曲线图形

§7.2　静电场模拟

库仑定律是电磁场理论的基本定律之一. 真空中两个静止点电荷之间的作用力与这两个电荷所带电量的乘积成正比, 和它们距离的平方成反比, 作用力的方向沿着这两个点电荷的连线, 同号电荷相斥, 异号电荷相吸.

【例 7.7】　单位正电荷电场模拟. 设单位正电荷位于坐标系原点, 而试验点电荷坐标为(x, y, z). 根据库仑定律, 电场强度的二维简化形式$(z=0)$为

$$E_x = k \frac{x}{(x^2 + y^2)^{3/2}}, \quad E_y = k \frac{y}{(x^2 + y^2)^{3/2}}.$$

在平面正方形区域中取规则点坐标, 计算出电场强度, 用羽箭标明实验点电荷受力方向, 如图 7.13 所示.

实验程序如下:

```
functionelab0(dt)
ifnargin= = 0,dt= 0.2;end
[x,y]= meshgrid(- 1:dt:1);
D= sqrt(x.^2+ y.^2).^3+ eps;
Ex= x./D;Ey= y./D;
E= sqrt(Ex.^2+ Ey.^2)+ eps;
Ex= Ex./E;Ey= Ey./E;
quiver(x,y,Ex,Ey)
axis([- 1,1,- 1,1])
holdon
t= linspace(0,2* pi,50);
xt= .1* cos(t);yt= .1* sin(t);
```

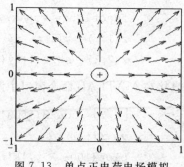

图 7.13　单点正电荷电场模拟

```
plot(0,0,'r+ ',xt,yt,'b')
```

注：电场强度恰好为函数 $U(x,y) = k/\sqrt{x^2 + y^2}$ 的负梯度，电场实际上为该函数的梯度向量场. 在正方形区域中取规则点，将计算出二元函数值矩阵. 应用 MATLAB 计算的数值梯度计算方法，可计算电场强度数据，用于绘制电场模拟图.

```
functionelab01(dt)
ifnargin= = 0,dt= 0. 2;end
[x,y]= meshgrid(- 1:dt:1);
D= sqrt(x. ^2+ y. ^2)+ eps;
z= 1. /D;
[Ex,Ey]= gradient(z,dt);
E= sqrt(Ex. ^2+ Ey. ^2)+ eps;
Ex= - Ex. /E;Ey= - Ey. /E;
quiver(x,y,Ex,Ey)
axis([- 1,1,- 1,1])
holdon
t= linspace(0,2* pi,50);
xt= .1* cos(t);yt= .1* sin(t);
plot(0,0,'r+ ',xt,yt,'b')
```

【例 7.8】 两个正电荷的电场模拟. 设在点 $(1,0,0)$ 和点 $(-1,0,0)$ 处各有一正电荷. 考虑平面向量场模拟实验 $(z=0)$. 电场强度简化为如下形式：

$$E_x = k\,\frac{x-1}{[(x-1)^2 + y^2]^{3/2}} + k\,\frac{x+1}{[(x+1)^2 + y^2]^{3/2}}\,;$$

$$E_y = k\,\frac{1}{[(x-1)^2 + y^2]^{3/2}} + k\,\frac{1}{[(x+1)^2 + y^2]^{3/2}}\,.$$

恰好是函数

$$U(x,y) = \frac{k}{\sqrt{(x-1)^2 + y^2}} + \frac{k}{\sqrt{(x+1)^2 + y^2}}$$

的负梯度. 羽箭图模拟程序：

```
functionelab1
[x,y]= meshgrid(- 2:.2:2);
D1= sqrt((x+ 1). ^2+ y. ^2)+ eps;
D2= sqrt((x- 1). ^2+ y. ^2)+ eps;
Z= 1. /D1+ 1. /D2;
```

```
[Ex,Ey]= gradient(- Z);
E= sqrt(Ex. ^2+ Ey. ^2)+ eps;
Ex= Ex. /E;Ey= Ey. /E;
quiver(x,y,Ex,Ey),holdon
t= linspace(0,2* pi,50);
xt= .1* cos(t);yt= .1* sin(t);
plot([xt'+ 1,xt'- 1],[yt',yt'],'r',[- 1,1],[0,0],'b+ ')
axis([- 2,2,- 2,2])
```

两个正电荷的受力羽箭图如图 7.14 所示.

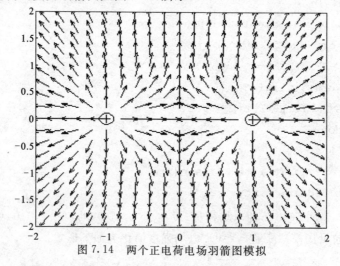

图 7.14   两个正电荷电场羽箭图模拟

【**例 7.9**】   两个正电荷产生电场的电力线绘制实验. 将电力线视为积分曲线,即微分方程的解曲线,构造一阶常微分方程组如下:

$$\frac{\mathrm{d}x}{\mathrm{d}t}=\frac{x-1}{[(x-1)^2+y^2]^{3/2}}+\frac{x+1}{[(x+1)^2+y^2]^{3/2}},$$

$$\frac{\mathrm{d}y}{\mathrm{d}t}=\frac{1}{[(x-1)^2+y^2]^{3/2}}+\frac{1}{[(x+1)^2+y^2]^{3/2}}.$$

自变量 $t>0$. 取以下两组初值条件

$$x(0)=-1+0.1\cos\theta_i , y(0)=0.1\sin\theta_i ,(i=1,2,\cdots,N)$$

或

$$x(0)=1+0.1\cos\theta_j , y(0)=0.1\sin\theta_j ,(j=1,2,\cdots,N)$$

它们分别是点电荷位置 $(-1,0)$ 和 $(1,0)$ 处半径为 0.1 小圆上点坐标. 第一组初始条件将确定区域左半部分电力线族,第二组将确定区域右半部分电力线族.

首先建立微分方程组函数文件

```
functionz= electfun(t,x)
D1= sqrt((x(1)+ 1).^2+ x(2).^2).^3;
D2= sqrt((x(1)- 1).^2+ x(2).^2).^3;
z= [(x(1)+ 1)./D1+ (x(1)- 1)./D2;x(2)./D1+ x(2)./D2];
```

以点电荷位置处邻近小圆上点坐标为初值求解微分方程组可得电力线如图 7.15 所示.

实验程序如下：

```
functionelab2(N)
ifnargin= = 0,N= 30;end
t1= linspace(0,2* pi,N);
x0= 0.1* cos(t1);y0= 0.1* sin
(t1);
x1= - 1- x0;x2= 1+ x0;
X= [];Y= [];
fork= 1:N
    xk= x1(k);yk= y0(k);
    [t,Z]= ode23('electfun',[0:
.1:5],[xk,yk]);
    X= [X,Z(:,1)];Y= [Y,Z(:,2)];
    xk= x2(k);
    [t,Z]= ode23('electfun',[0:.1:5],[xk,yk]);
    X= [X,Z(:,1)];Y= [Y,Z(:,2)];
end
plot([- 1,1],[0,0],'r* ',X,Y,'b')
axis([- 2,2,- 2,2])
```

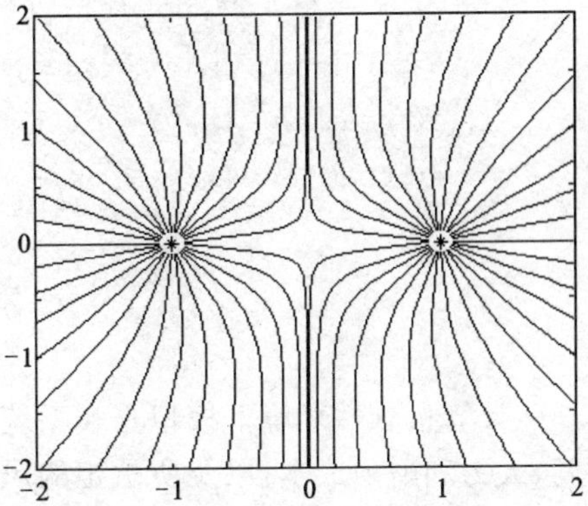

图 7.15　两个正电荷电力线模拟

注:本例用系列常微分方程解曲线绘电力线,实际上 MATLAB 的流线绘图也可以解决.

向量场流线(簇)绘制命令为 streamline(),其使用格式如下：

streamline(X,Y,U,V,STARTX,STARTY)

其中,X,Y 是区域网格点坐标矩阵,U,V 是对应于网格点的速度向量,而 STARTX,STARTY 则是流线开始点的坐标数据.下面程序利用流线图绘制命令较上面程序简单.

```
[x,y]= meshgrid(- 2:.2:2);
r1= sqrt((x+ 1).^2+ y.^2)+ .5;
```

```
r2= sqrt((x- 1).^2+ y.^2)+ .5;
z= 1./r1+ 1./r2;
[px,py]= gradient(z);
axis([- 2,2,- 2,2])
t= linspace(- pi,pi,24);
xt= - 1+ .1* cos(t);yt= .1* sin(t);
plot([- 1,1],[0,0],'r+ '),holdon
streamline(x,y,- px,- py,xt,yt)
streamline(x,y,- px,- py,- xt,yt)
```

§7.3　计算机模拟

计算机软件环境下模拟真实系统(又称为计算机仿真)进行实验,通常在花费的时间、人力和财力成本,以及所承担的风险方面都比真实实验小.实验用计算机程序建立真实系统的模型,通过程序运行了解系统随时间变化的状态、行为或特性.首先要建立仿真时钟,选取系统初始状态时刻作为仿真时钟的零点,随时钟步长推进产生离散时间点,仿真程序在每一个时间点上展现系统状态.离散系统仿真方法分为时间步长法和事件步长法.

以时间步长法为例,假定在一个时间间隔内系统状态不变.根据实际问题需要,仿真时钟取间隔相等的时间点(即等步长时钟),时钟每步进一次,就对系统的所有元素(实体)的属性与活动进行一次全面的考察,分析、计算、记录系统状态变化,一直进行到仿真时钟结束.

【例 7.10】　**追击问题的模拟实验**.设系统中有动点 Q 和动点 P,点 Q 从坐标原点出发以速度 v_1 沿 y 轴正向做匀速直线运动,点 P 则从坐标原点右侧距原点 100 m 处与 Q 点同时出发,以速度 v_2 紧盯 Q 点追赶.假设 $v_1=1(\mathrm{m/s})$,设计仿真程序绘制 P 点的运动路线.收集实验数据.

(1)设 $v_2=2v_1$,取时间步长 Δt,模拟动点 P 追赶 Q 点的过程.计算 P 点追赶上 Q 点所需时间,以及两个动点所走的路程;

(2)计算当 Q 点运动到 y 轴上 60m 之前,P 点追上 Q 点所需要的最低速度.

分析:系统中只有两个动点,在初始时刻两点分别位于 $Q_0(0,0)$,$P_0(100,0)$ 处.设置时间步长 Δt,在时刻 $t_k=k\Delta t$,两个动点位置分别为 $Q_k(u_k,v_k)$,$P_k(x_k,y_k)$,在 t_{k+1} 时刻,Q 点横坐标 $u_{k+1}=0$,纵坐标 $v_{k+1}=v_k+v_1\Delta t$;而 P 点向 Q_k 运动,用单位向量

$$e_k=\frac{1}{\sqrt{x_k{}^2+(v_k-y_k)^2}}\binom{-x_k}{v_k-y_k}$$

描述运动方向. P 点在 t_{k+1} 时刻的坐标 (x_{k+1}, y_{k+1}) 可表示为

$$\binom{x_{k+1}}{y_{k+1}} = \binom{x_k}{y_k} + v_2 \Delta t e_k \, (k=0,1,\cdots).$$

时间步长 Δt 为程序的输入变量,有追赶时间 T 和两个动点所走路程 Lp, Lq 为输出变量. 模拟 P 点追赶 Q 点过程,程序如下:

```
function[T,Lp,Lq]= chase(dt)
ifnargin= = 0,dt= 1;end
V1= 1;V2= 2* V1;
P= [100,0];Q= [0,0];
e= [- 1,0];d= 100;
k= 1;
whiled> 0.5
    P(k+ 1,:)= P(k,:)+ V2* dt* e;
    Q(k+ 1,2)= Q(k,2)+ V1* dt;
    e= Q(k+ 1,:)- P(k+ 1,:);
    d= norm(e);e= e/d;
    k= k+ 1;
end
u= Q(:,1);v= Q(:,2);
x= P(:,1);y= P(:,2);
plot(x,y,'ro',u,v,'b.')
T= k* dt;
Lp= k* V2* dt;
Lq= k* V1* dt;
```

程序运行时,对于不同的时间步长,计算结果列表如表 7.1 所示.

表 7.1 不同时间步长所需追击时间和路程

Δt	1	0.5	0.2	0.1	0.05	0.01
追赶时间	67	66.5	66.4	66.3	66.20	66.18
P 路程	134	133	132.8	132.6	132.4	132.36
Q 路程	67	66.5	66.4	66.3	66.20	66.18

其中,T 是 P 点追上 Q 点所用模拟时间,Lp 是 P 点所走过路长,Lq 是 Q 点所走过路长.

程序运行时,输入参数时间步长越小,所需要的运行时间越长,但对系统的模拟越接近于真实情况,如图 7.16 所示.

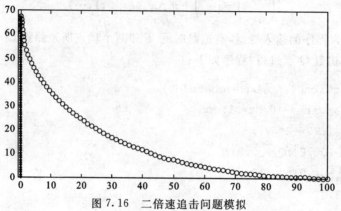

图 7.16   二倍速追击问题模拟

修改实验程序如下:

```
function[V2,Lp,d]= chase(R)
ifnargin= = 0,R= 2;end
V1= 1;V2= R* V1;
P= [100,0];Q= [0,0];
e= [- 1,0];Lq= 0;
k= 0;dt= .1;
whileLq< 60
   k= k+ 1;
   P(k+ 1,:)= P(k,:)+ V2* dt* e;
   Lq= k* V1* dt;Q(k+ 1,2)= Lq;
   e= Q(k+ 1,:)- P(k+ 1,:);
   d= norm(e);e= e/d;
end
u= Q(:,1);v= Q(:,2);
x= P(:,1);y= P(:,2);
plot(x,y,'r.',u,v,'b.',x(k),y(k),'ko')
Lp= k* V2* dt;
```

程序运行时,输入不同的 P 点速度 v_2 与 Q 点速度 v_1 的速度比 R,得不同实验结果,如表 7.2 所示.

表 7.2　动点 P 的不同运动速度实验数据

P 与 Q 速度比	P 速度	P 路程	P-Q 距离
2	2	120	6.7755
2.1	2.1	126	1.7781
2.2	2.2	132	0.3044

　　可见，如果动点 P 的运动速度超过动点 Q 的 2.2 倍，当 Q 点运动到 y 轴上 60 m 之前，P 点能追上 Q 点，如图 7.17 所示.

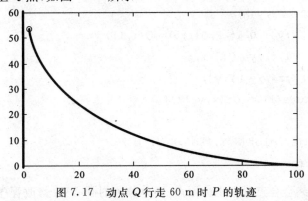

图 7.17　动点 Q 行走 60 m 时 P 的轨迹

　　【例 7.11】　昆虫追逐曲线模拟实验. 有 n 只昆虫位于单位圆周上的 n 个等分点处，每只以相同的速度按逆时针方向爬向邻近昆虫，试模拟昆虫们的爬行方向和爬行路线，确定昆虫们最终的会合点.

　　分析: n 只昆虫同时爬行构成昆虫相互追逐过程. 设单位圆半径为 1 cm，昆虫爬行速度为 0.1(cm/s). 第 j 只昆虫的位置为 (x_j, y_j)，与它邻近的昆虫的位置为 (x_{j+1}, y_{j+1}). 则第 j 只昆虫的爬行方向为

$$e_j = \frac{1}{\sqrt{(x_{j+1}-x_j)^2 + (y_{j+1}-y_j)^2}} \binom{x_{j+1}-x_j}{y_{j+1}-y_i}.$$

以四只昆虫为例，它们在某一时刻的位置记为

$$x = (x_1 \quad x_2 \quad x_3 \quad x_4), \qquad y = (y_1 \quad y_2 \quad y_3 \quad y_4).$$

随着时间步长的推进，它们的位置按爬行方向产生变化，记录新的位置. 如果仿真时钟有 m 个时间点，则昆虫的位置数据将是两个 m×4 的矩阵，矩阵的每一行代表一个时刻的位置数据. 设计 MATLAB 程序如下:

```
bata= [0.25:.5:2.25]* pi;
x= cos(bata);y= sin(bata);
```

```
X= x;Y= y;
figure(1),plot(x,y,'k'),holdon
axisoff
figure(2),plot(x,y,'k'),holdon
fork= 1:15
    Px= diff(x);Py= diff(y);
    D= sqrt(Px.^2+ Py.^2);
    P= [Px./D;Py./D];
    x(5)= [];y(5)= [];
    Q= [x;y]+ 0.1* P;Q(:,5)= Q(:,1);
    x= Q(1,:);y= Q(2,:);
    X= [X;x];Y= [Y;y];
    figure(1),plot(x,y,'k')
end
figure(2),plot(X,Y,'ko',X,Y,'k')
axisoff
```

昆虫们的最终会合点是在坐标原点,即单位圆的圆心处.修改程序的初始数据,可得六只昆虫或十只昆虫的爬行方向直线簇,如图 7.18 和图 7.19 所示.

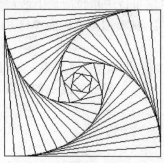

图 7.18　四只昆虫爬行方向

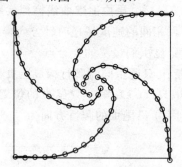

图 7.19　四只昆虫爬行路线

【例 7.12】　**渡船航线模拟实验**.一条渡船从岸边 O 处出发驶向大河对岸,航行中船头总是指向对岸 B 点.设船的静水速度为 $V=1(\text{m/s})$,河水流速为 $v=0.5(\text{m/s})$,河宽 $a=100(\text{m})$,设计仿真程序,记录渡船航行的轨线.当河水流速变化时,记录航线发生的变化.什么情况下渡船无法达到对岸 B 点?什么情况下无法达到对岸?

分析:船在时刻 t 位置为 $P(x,y)$,P 点到 B 点的直线距离为 $d=\sqrt{x^2+(a-y)^2}$,

由 P 指向 B 方向的单位向量为

$$\boldsymbol{l} = \left(\frac{a-y}{d}, \quad \frac{0-x}{d} \right)$$

由于水流速度 v 的作用，船的实际航速在 y 方向和 x 方向的
分量分别为

$$V_y = V \frac{a-y}{d}, \; V_x = v + V \frac{0-x}{d}.$$

将仿真时钟间隔设为 1s，则相邻时刻位移变化为

$$x(t + \Delta t) = x(t) + V_x \Delta t,$$
$$y(t + \Delta t) = y(t) + V_y \Delta t.$$

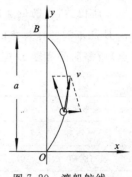

图 7.20　渡船航线

　　下面仿真程序功能是绘出船的航线；并计算出航程以及
走完航程所用时间．程序默认的水流速度为 $0.5(\mathrm{m/s})$，当 P 点与 B 点距离小于 $0.5\mathrm{m}$
时实验结束．取不同的水流速度进行实验，最后列出数据结果，并分析变化规律．

```
function[distance,times]= route(v)
ifnargin= = 0,v= 0.5;end
B= [0,100];
V= 1;dt= 1;
x= v;y= V;
distance= sqrt(x^2+ (100- y)^2);
P= [x,y];times= 1;
whiledistance> 0.5
    x= x+ dt* (v- V* x/distance);
    y= y+ dt* V* (100- y)/distance;
    distance= sqrt(x^2+ (100- y)^2);
    P= [P;x,y];
    times= times+ 1;
end
X= P(:,1);Y= P(:,2);
plot(0,0,'r> ',0,100,'r> ',X,Y,'k',X,Y,'ko')
axis([- 5,25,0,110])
```

　　不输入参数直接运行程序，计算结果如下：

```
distance=    0.3347
Times=    133
```

　　所以,仿真数据表明,渡船到达对岸 B 点所需时间为 133 s,但是到达对岸而未到达 B 却不需要这样多时间.表 7.3 是对不同的河水流速,渡船到达对岸(不一定到达 B 点)所需时间和距 B 点距离.

表 7.3　　渡船到达对岸所需路程和时间

水流速度 v	0.1	0.2	0.3	0.4	0.5	0.6	0.7	0.8
$P-B$ 距离	0.09	0.22	0.74	1.98	3.34	6.29	10.43	17.58
航行时间	101	104	109	116	127	141	162	191

　　图 7.21 所示为根据程序运行时仿真时钟在每一时间节点上,P 点坐标数据所绘图形.

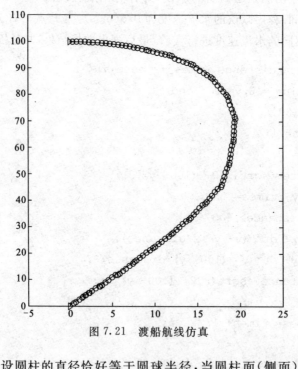

图 7.21　　渡船航线仿真

　　【例 7.13】　设圆柱的直径恰好等于圆球半径,当圆柱面(侧面)紧贴圆球中轴线穿过球面时,在球面上留下切痕.柱体和球体相交形成特殊的空间立体——维维安尼(Viviani)体.设球体半径为 1,利用 MATLAB 的动画技术制作维维安尼图的动态模拟.

　　分析: 圆柱面方程和球面方程分别表示为

$$(x-R/2)^2+y^2=R^2/4 \quad 和 \quad x^2+y^2+z^2=R^2.$$

圆柱面在 x-y 平面的投影用极坐标表示为

$$\begin{cases} x=0.5R(1+\cos\alpha) \\ y=0.5R\sin\alpha \end{cases} \quad \alpha\in[0,2\pi]$$

　　为了表现柱面切割球体的动态过程,首先绘出球面,然后逐步绘出柱面(见图 7.22 和图 7.23),程序如下:

```
functionviviana(dt)
ifnargin= = 0,dt= 10;end
theta= (- 180:5:180)* pi/180;
fai= (- 90:5:90)* pi/180;
X= cos(theta)'* cos(fai);
Y= cos(theta)'* sin(fai);
Z= sin(theta)'* ones(size(fai));
colormap([001])
mesh(X,Y,Z),axisoff
view(150,24)
holdon
theta= (360:- dt:0)* pi/180;
x= .5* cos(theta)+ .5;
y= .5* sin(theta);
U= [x;x];V= [y;y];
E= ones(size(x));
W= [- E;1.2* E];
forp= 10:fix(360/dt)+ 1
    II= 1:p;
    u= U(:,II);
    v= V(:,II);
    w= W(:,II);
    mesh(u,v,w),pause(.5)
end
```

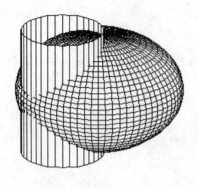

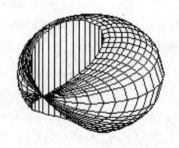

图 7.22　柱面切割球体图　　　　　　　　图 7.23　viviani 体的剩余

注:球面被柱面切割后剩余部分是一个特殊的空间图形.

§7.4　实　验　范　例

7.4.1　捕食者与被捕食者问题

生活在同一环境中的两类动物之间有生存竞争. 一类靠捕食另一类生存,被捕食者只能靠繁殖后代和逃跑求得种群生存. 在一海岛上居住着狐狸和野兔,当野兔数量增多时,狐狸有足够的野兔捕食,数量得以增长;但狐群增长导致大量兔子被捕食,狐群进入饥饿状态而使其数量下降;狐群数量下降导致兔子被捕食机会减少,兔群处于相对安全时期而数量回升. 狐狸和野兔数量交替增减,循环往复,形成生态的动态平衡. 意大利生物学家沃特拉(Volterra)研究这一现象时,建立了微分方程的数学模型,数学实验对于两个种群不同的初始数量,数值求解微分方程,对生态系统进行仿真计算.

1.　实验内容

假设有足够多的青草供野兔享用,而狐狸仅以野兔为食. x 为野兔量,y 表狐狸数量. 假定在没有狐狸的情况下,野兔增长率为 100%. 如果没有野兔,狐狸将被饿死,死亡率为 100%. 狐狸与兔子相互作用的关系是,狐狸的存在使兔子受到威胁,且狐狸越多兔子增长受到阻碍越大,设兔子数量的负增长系数为 0.015. 而兔子的存在又为狐狸提供食物,设狐狸数量的增长与兔子的数量成正比,比例系数为 0.001. 数学模型为

$$\begin{cases} \dfrac{\mathrm{d}x}{\mathrm{d}t} = x - 0.015xy \\[2mm] \dfrac{\mathrm{d}y}{\mathrm{d}t} = -y + 0.01xy \qquad t \in (0,20), \\[2mm] x(0) = 100 \qquad\qquad y(0) = 20 \end{cases}$$

计算 $x(t)$, $y(t)$ 当 $t \in [0,20]$ 时的数据. 绘图形并分析捕食者和被捕食者的数量变化规律.

以 x 为横坐标, y 为纵坐标绘制图形, 分析生态循环的周期和衰减情况.

2. 实验目的

了解微分方程初值问题的数学模型, 掌握使用 MATLAB 求解常微分方程的数值方法, 学会分析归纳不同参数和仿真结果之间规律.

3. 实验原理

一阶常微分方程组由方程的右端项表达式: $x - 0.015xy$ 和 $-y + 0.01xy$ 确定, 创建 MATLAB 的函数文件 fox.m 用于描述常微分方程组右端项.

```
functionz= fox(t,y)
z(1,:)= y(1)- 0.015* y(1).* y(2);
z(2,:)= - y(2)+ 0.01* y(1).* y(2);
```

使用 MATLAB 命令 ode23() 调用函数文件 fox.m, 便求得向量函数 $Y(t) = [x(t), y(t)]$ 的数值结果. Y 的第一列数据是第一函数 $x(t)$ 的数值, Y 的第二列是第二函数 $y(t)$ 的数值. 利用数值结果绘出两个函数的图形, 观察分析不同的初始值导致的不同数值结果, 可以寻找规律.

4. 实验程序

仿真程序的功能是调用已经创建并保存在 MATLAB 的工作目录下的函数文件 fox.m, 求微分方程数值解并绘解函数图形, 由于计算结果的数据量较大, 只输出解函数的最小值和最大值数据.

```
Y0= [100,20];
[t,Y]= ode23('fox',[0,20],Y0);
x= Y(:,1);y= Y(:,2);
figure(1),plot(t,x,'b',t,y,'r')
figure(2),plot(x,y)
[min(x),max(x);min(y),max(y)]
```

5. 实验结果及分析

当初值取 $x(0) = 100$, $y(0) = 25$ 时, 仿真程序计算输出结果表明, 野兔数量最小

值和最大值分别为 $X_{min} = 29.951\ 7, X_{max} = 236.053\ 3$；狐狸数量最小值和最大值分别为 $Y_{min} = 20.000\ 0, Y_{max} = 157.253\ 8$. 野兔数量和狐狸数量变化规律如图 7.24 所示，而图 7.25 称为相位图，表明两种群数量在变化过程中呈现出动态平衡的周期性.

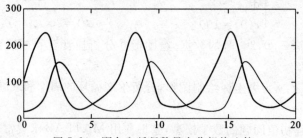

图 7.24　野兔和狐狸数量变化规律比较

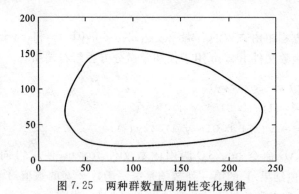

图 7.25　两种群数量周期性变化规律

当初值取为 $x(0) = 30, y(0) = 30$ 时，仿真程序计算输出结果表明，野兔数量最小值和最大值分别为 $X_{min} = 21.396\ 3, X_{max} = 277.059\ 9$；狐狸数量最小值和最大值分别为 $Y_{min} = 14.224\ 7, Y_{max} = 185.355\ 9$.

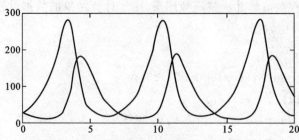

图 7.26　野兔和狐狸初值相同时数量变化规律

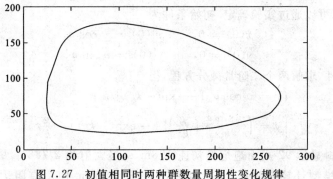

图 7.27　初值相同时两种群数量周期性变化规律

6. 实验结论和注记

由实验结果知,当模型中参数确定时,初值对微分方程组的求解结果有一定影响,但两个种群的最大数量的比值几乎是不变,大约为 $3:2$.

注:(1)数值计算实验结果表明,两个相位图都揭示了生态动态平衡的四种状态:x 增 y 增,x 减 y 增,x 减 y 减,x 回升 y 减.这四种状态周而复始,不断重复.

(2)在数学模型中,微分方程右端函数中 xy 的系数(比例系数)可以取不同值做实验,实验结果说明两个系数对野兔和狐狸的数量变化影响较大.

(3)将这一数学模型导致的结果引入农林业的病虫害防治有实际意义,当两种昆虫中一种是害虫,另一是害虫的天敌时.如果施农药过度,虽然杀死大量害虫,但天敌数量也锐减,天敌锐减的后果是害虫数量回升.

7.4.2　有阻力抛射体运动模型

伽利略研究质点在真空中作抛射运动模型时,成功运用了惯性定律和自由落体运动定律.用运动合成与分解方法,解释了弹道的抛物线性质.用参数方程表示为

$$\begin{cases} x = v_0 \cos \alpha \times t \\ y = v_0 \sin \alpha \times t - \dfrac{1}{2} g t^2 \end{cases}.$$

伽利略抛射运动模型用微分方程模型描述为 $x''(t) = 0, y''(t) = -g$.这是一个无阻力抛射体运动模型.有阻力抛射体模型应该在微方程中增加阻力项.

1. 实验内容

对于炮弹飞行,假设阻力与速度成正比,即速度越大则阻力越大.在微分方程中增加阻力项,这是一个比伽利略模型更符合实际的数学模型.

$$\begin{cases} x''(t) = -k x'(t) \\ y''(t) = -g - k y'(t) \end{cases}.$$

其中,系数 k 可以通过实验确定.初始条件为

$$x(0) = 0, \qquad x'(0) = v_0 \cos \alpha;$$
$$y(0) = 0, \qquad y'(0) = v_0 \sin \alpha.$$

利用初始条件,求解两个二阶常微分方程,得

$$\begin{cases} x = v_0 \cos \alpha [1 - \exp(-kt)]/k \ ; \\ y = \left(\dfrac{v_0 \sin \alpha}{k} + \dfrac{g}{k^2} \right)[1 - \exp(-kt)] - \dfrac{g}{k}t \ . \end{cases}$$

查阅资料显示 92 式山炮炮弹初速 198m/s、最大射程 2 788m、最小射程 100m. 使用伽利略模型计算结果是:最大射程为 3 920.00 m. 使用有阻力的抛射曲线模型,设计数学实验程序,确定阻力系数 k,使最大射程与 92 式山炮的最大射程一致.

2. 实验目的

了解带参数的数学函数的计算方法,掌握 MATLAB 中条件控制的循环语句使用方法.学会仿真实验中的时间步长方法,熟悉数学实验中常用的数据收集方法.

3. 实验原理

将阻力系数 k 作为程序的输入参数,不同的输入导致不同的计算结果,当计算结果(最大射程)与现实世界中的情况相吻合时,就确定了合理的阻力系数值.当 k 确定后,取定一个时间步长 dt,初始时间为零,随着时间步长的累加,由时间 t 的值计算出

$$\begin{cases} x = v_0 \cos \alpha [1 - \exp(-kt)]/k \ , \\ y = \left(\dfrac{v_0 \sin \alpha}{k} + \dfrac{g}{k^2} \right)[1 - \exp(-kt)] - \dfrac{g}{k}t \ . \end{cases}$$

的一系列值.当 y 的值为正数时,继续累加时间步长计算,当 t 增加到使 y 的值不大于零时,便结束计算过程,输出最后的时间累加数据 T.

4. 实验程序

```
k= input('inputk:= ');
alpha= pi/4;
v0= 198;g= 9.8;
t= 0;dt= .1;
x= 0;y= 0;
whileyk> = 0;
    t= t+ dt;
    xk= v0* cos(alpha)* (1- exp(- k* t))/k;
    yk= ((v0* sin(alpha)+ g/k)* (1- exp(- k* t))- g* t)/k;
    x= [x,xk];y= [y,yk];
end
```

```
T= t;
Xmax= xk
plot(x,y,'k')
```

5. 实验结果及分析

通过实验观察阻力系数越大,射程越短,具体数据如表 7.4 所示.

表 7.4　阻力系数与最大射程数据

k	0.1	0.07	0.04	0.02	0.023
X_{max}	1 236.99	1 594.67	2 196.99	2 863.40	2 739.82

选择两个参数值绘图说明如图 7.28 所示和图 7.29 所示.

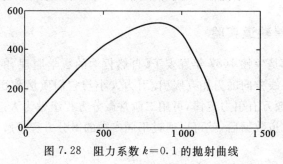

图 7.28　阻力系数 $k=0.1$ 的抛射曲线

6. 实验结论和注记

有阻力的数学模型中,阻力系数需要通过实验来确定,使模型更合理.

注:(1)在有阻力的数学模型中,直接由 y 的表达式为零来确定参数 t 的变化范围很困难,数学实验程序中应用了时间步长法,通过 dt 累加使 t 增加,计算 x 和 y 的值,当 $y>0$ 不成立时结束计算,确定 T 的值.

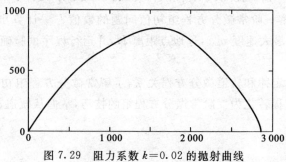

图 7.29　阻力系数 $k=0.02$ 的抛射曲线

(2)对于二阶常微分方程的解,第一个方程求解过程如下:令 $p=x'$,得一阶常微

分方程

$$p' + kp = 0 .$$

求解,得

$$p(t) = C\exp(-kt) .$$

由初始速度,得

$$p(t) = v_0 \cos \alpha \exp(-kt) ,$$

将 $p = x'$ 代入上式积分,并注意初始位移为零,得

$$x = v_0 \cos \alpha [1 - \exp(-kt)]/k ,$$

同理可得

$$y = \left(\frac{v_0 \sin\alpha}{k} + \frac{g}{k^2} \right) [1 - \exp(-kt)] - \frac{g}{k} t .$$

7.4.3 人造卫星轨道实验

万有引力定律是牛顿 1687 年发表于《自然哲学的数学原理》的重要物理定律. 任意两质点通过连心线方向的力相互吸引. 引力大小与它们质量乘积成正比,与距离平方成反比. 根据牛顿万有引力定律,可用二阶常微分方程组做为人造卫星的轨道方程. 在收集到足够的轨道数据后,就可以通过不同参数的微分方程求解进行实验.

1. 实验内容

嫦娥一号探月卫星初始轨道的最大速度为 10.3(km/s),而奔月速度需要 10.9 (km/s). 设四次变轨的最大速度为等差数列:10.3, 10.45, 10.6, 10.75, 10.9. 由万有引力定律引出的轨道微分方程可模拟出奔月线路. 设轨道的近地点距离为 200(km),卫星近地点为初始点(初始角为 $-90°$). 将轨道满足的二阶常微分方程组转化为一阶常微分方程组,利用初值条件

$$v_0 = 10.3, \quad 10.45, \quad 10.6, \quad 10.75, \quad 10.9$$

以及周期数据,求解一阶常微分方程组初值问题的数值方法计算出位置变量(x, y),速度变量(v_x, v_y),最大速度 v_{max},远地点距离 H,并运行程序试验确定轨道周期.

2. 实验目的

理解万有引力定律和轨道微分方程关系,了解常微分方程组初始条件的背景,掌握将二阶常微分方程转化为一阶常微分方程组的技巧,掌握从轨道数据中提取重要信息的方法.

3. 实验原理

轨道方程:$x'' = -\dfrac{GMx}{(x^2 + y^2)^{3/2}}$, $y'' = -\dfrac{GMy}{(x^2 + y^2)^{3/2}}$,($GM = 3.986\ 005 \times 10^5 (\text{km}^3/\text{s}^2)$).

初始条件:$x(0) = -(R+h), y(0) = 0, \bar{x}(0) = v_0 \cos \alpha , \bar{y}(0) = v_0 \sin \alpha .$

引入变换：$x' = u(t)$，$y' = v(t)$，将二阶微分方程组化为具有四个方程的一阶微分方程组

$$x' = u，\quad u' = -GMx/(x^2+y^2)^{3/2}；$$
$$y' = v，\quad v' = -GMy/(x^2+y^2)^{3/2}．$$

初始条件化为：$x(0) = = -(R+h)$，$y(0) = 0$，$u(0) = v_0\cos\alpha$，$v(0) = v_0\sin\alpha$．

根据微分方程右端函数建立求解微分方程必需的函数文件，利用 ode23() 求解初值问题，得轨道数据.

4. 实验程序

首先建立常微分方程右端函数的函数文件：

```
functionz= orbit(t,y)
GM= 3.986005e05;
z(1,:)= y(2);
z(2,:)= - GM* y(1)./((y(1).^2+ y(3).^2).^(3/2));
z(3,:)= y(4);
z(4,:)= - GM* y(3)./((y(1).^2+ y(3).^2).^(3/2));
```

实验主程序如下：

```
function[Vmax,H]= orbitlab()
v0= [10.3,10.45,10.6,10.75,10.9];
h= 200;
Times= [12,17,27,52,95]* 60* 60;
alpha= - pi/2;Vmax= [];H= [];
fork= 1:5
    v= v0(k);T0= Times(k);
    Y0= [- (6378+ h),v* cos(alpha),0,v* sin(alpha)];
    [T,Y]= ode23('orbit',[0,T0],Y0);
    x= Y(:,1);y= Y(:,3);
    vx= Y(:,2);vy= Y(:,4);
    V= sqrt(vx.^2+ vy.^2);
    Vmax= [Vmax,max(V)];
    H= [H,max(x)];
    plot(x,y),holdon
end
plot([0,max(x)],[0,0],'ro')
```

5. 实验结果及分析

实验数据结果为最大速度和最远距离,列表如表 7.5 所示.

表 7.5　嫦娥卫星轨道的微分方程实验数据

轨道名称	初始轨道	第一轨道	第二轨道	第三轨道	奔月轨道
最大速度	10.30	10.45	10.60	10.75	10.90
远地点距离	46 187.22	59 893.78	83 598.24	134 830.06	326 729.36

程序中所用的求解区间分别为

$$[0,12], \quad [0,17], \quad [0,27], \quad [0,52], \quad [0,95]$$

这与实际奔月卫星在变轨运行的轨道周期数据有较大差异.

6. 实验结论和注记

轨道图形如图 7.30 所示.

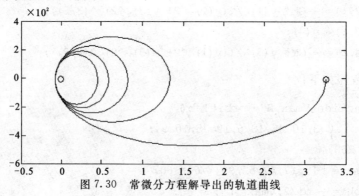

图 7.30　常微分方程解导出的轨道曲线

卫星位于点 $P(x,y)$,根据牛顿万有引力定律,地球对卫星的引力大小为

$$|F| = G\frac{Mm}{x^2+y^2},$$

其方向指向地心,引入单位向量

$$\left\{ -\frac{x}{\sqrt{x^2+y^2}}, -\frac{y}{\sqrt{x^2+y^2}} \right\},$$

万有引力的向量描述为

$$F = G\frac{Mm}{x^2+y^2}\left\{ -\frac{x}{\sqrt{x^2+y^2}}, -\frac{y}{\sqrt{x^2+y^2}} \right\},$$

再根据牛顿第二定律 $F=ma$,将等式中加速度用二阶导数 $(x'', y'')^{\mathrm{T}}$ 代替,代入万有引力定律,便导出本实验所用的常微分方程组.

§7.5 实 验 课 题

7.5.1 电偶极子模拟实验

有位势函数

$$U(x,y) = k\left[\frac{1}{\sqrt{x^2 + (y - L/2)^2}} - \frac{1}{\sqrt{x^2 + (y + L/2)^2}}\right].$$

其中 L 表示两个等量异号点电荷间的距离. 电场的范畴远远大于 L 的尺度.

1. 实验内容

计算位势函数在正方形区域上的值并绘曲面图, 计算数值梯度, 用绘羽箭图绘制命令绘图模拟电场, 用流线图绘制命令绘图模拟电力线. 分析电场模拟图和电力线模拟图 (见图 7.31~图 7.33), 解释电场力方向变化规律.

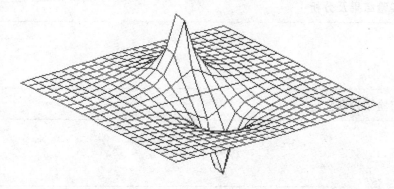

图 7.31 位势函数曲面

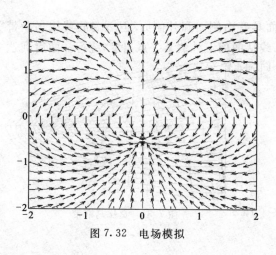

图 7.32 电场模拟

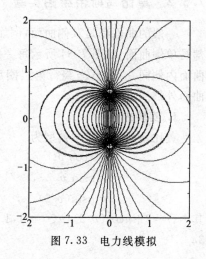

图 7.33 电力线模拟

2. 实验目的

掌握 MATLAB 羽箭绘图方法和流线图绘制方法. 理解电势与电场强度的数学关系、电场叠加原理.

3. 实验原理

MATLAB 求数值梯度命令使用格式：$[Ex, Ey] = gradient(-z)$

MATLAB 羽箭绘图命令使用格式：$quiver(X, Y, U, V)$

MATLAB 流线绘图命令使用格式：$streamline(x, y, -Ex, -Ey, xt, yt)$

4. 实验程序

5. 实验结果及分析

6. 实验结论和注记

7.5.2 莫比乌斯带绘图实验

一般的曲面都是双侧曲面，例如球面具有内侧面和外侧面. 但著名的莫比乌斯带却是单侧曲面，如图 7.34 所示每一条纬线从曲面上外侧某一点出发，绕行一圈后到达曲面内侧同一点处，当绕行第二圈后才回到曲面外侧的出发点.

1. 实验内容

莫比乌斯带的数学模型为

$$\begin{cases} x = r\cos v \\ y = r\sin v \\ z = u\sin(v/2) \end{cases},$$

其中，$r = 2 + u\cos(v/2), u \in [-1, 1], v \in [0, 2\pi]$.

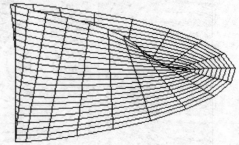

图 7.34 莫比乌斯带

根据数学模型构造矩阵绘制莫比乌斯曲面.

2. 实验目的

了解莫比乌斯曲面的单侧性质,熟悉曲面的矩阵描述方法,掌握 MATLAB 参数方程绘制曲面技术.

3. 实验原理

曲面的参数方程中通常有两个参数,即 $x=x(u,v),y=y(u,v),z=z(u,v)$. 如果将第一个参数称为**纬度参数**,第二个参数称为**经度参数**,则两个参数的变化范围可确定曲面的伸展范围. 参数的离散数据精细程度也确定了曲面绘制的精细程度. MAT-LAB 的曲面绘制方法要求产生 **X**、**Y**、**Z** 三个同型的矩阵,用于记录曲面上点的坐标数据. 在程序中可以将参数 u 取值为一列向量,而将 v 取值为一行向量,在表达式中由它们各自产生的函数值也是对应的列向量和行向量,当列向量左乘行向量时,计算结果为一矩阵,于是创建了用于绘曲面的矩阵. 如果用创建符号变量方法使用参数方程的符号表达式,也可以直接绘莫比乌斯曲面图.

4. 实验程序

5. 实验结果及分析

6. 实验结论和注记

思考与复习题七

1. 求一阶常微分方程和一阶常微分方程组数值解,在技术上有何不同?

2. 如何将单个二阶常微分方程初值问题转化为一阶常微分方程组初值问题?

3. 对于常微分方程,求数值解命令 ode23() 和求符号解命令 dsolve() 在功能上有何不同?

4. 根据万有引力定律和牛顿第二定律,人造卫星轨道方程为

$$x'' = -\frac{GMx}{(x^2+y^2)^{3/2}}, \qquad y'' = -\frac{GMy}{(x^2+y^2)^{3/2}},$$

试写出该方程的一阶常微分方程组形式.

5. 绘制一阶常微分方程问题的方向场

(1) $y' = y^2 - x$;   (2) $y' = xy + x^3$.

6. 用平面向量场模拟两个单位正电荷的电场,电场强度简化形式如下:

$$E_x = \frac{x-1}{[(x-1)^2+y^2]^{3/2}} + \frac{x+1}{[(x+1)^2+y^2]^{3/2}} ;$$

$$E_y = \frac{1}{[(x-1)^2+y^2]^{3/2}} + \frac{1}{[(x+1)^2+y^2]^{3/2}} .$$

7. 给定初值 $y(0) = 0$,求以下一阶常微分方程初值问题的解:

(1) $y' = x + y$;   (2) $y' = x - y$;   (3) $y' = 4x - 2y$.

8. 选取初值条件求解单摆数学模型 $\begin{cases} y'_1 = y_2 \\ y'_2 = -3\sin y_1 \end{cases}$,并用极坐标变换处理数据,制做单摆的演示程序.

9. 阻尼摆是在单摆的数学模型基础上增加阻力项(与速度成正比且与速度方向相反)

$$\begin{cases} y'_1 = y_2 \\ y'_2 = -a\sin y_1 - \varepsilon y_2 \end{cases}$$

选取初值条件和参数 a 求解阻尼摆问题.

10. 受力阻尼摆是在阻力摆的数学模型基础上增加正弦项得到的数学模型

$$\begin{cases} y'_1 = y_2 \\ y'_2 = -a\sin y_1 - \varepsilon y_1 + A\sin x \end{cases},$$

选取初值条件和参数求解受力阻尼摆问题.

附　　录

附录 A　MATLAB 主要命令函数

一、一般函数命令

1. 常用信息

命令	含　　　　义
help	联机帮助命令,在 MATLAB 命令窗口显示帮助主题(在 help 后加函数或命令的特殊字符,可得到具体命令或函数的使用信息).
helpwin	联机帮助命令,在 MATLAB 帮助窗口显示函数命令分类表,双击其中某一行,可得某一类所有命令的清单.再次双击具体命令可得详细帮助.
helpdesk	超文本帮助
demo	运行 MATLAB 的演示程序
ver	MATLAB 及其工具箱的版本信息
whatsnew	显示手册中未给出的新特性

2. 工作空间管理

命令	含　　　　义
who	显示内存中全部工作变量(变量列表)
whos	显示工作变量的具体信息(数组维数)显示剩余内存的大小
workspace	显示工作区的浏览器,图形界面的工作区管理
clear	从内存中清除变量和函数
pack	整理工作空间的内存,内存中的变量存入磁盘,再用内存中的连续空间载回这些变量
load	从磁盘上将变量(数据)调入工作空间内存
save	将工作空间的变量(数据)存盘
quit	退出 MATLAB(与命令 exit 相同)把 MATLAB 占用的内存全部交还系统

3.管理命令和函数

命令	含 义
what	显示当前工作目录下的有关文件
type	命令"typefilename"可显示文件名为"filename. m"的 M 文件
edit	打开程序编辑器,编写或修改 M 文件
open	以扩充方式打开文件
lookfor	搜索带关键词的 M 文件
which	确定函数和文件的位置
inmem	内存中函数列表

4.命令窗口控制

命令	含 义
echo	显示文件中的 MATLAB 命令
more	命令窗口的分页控制
diary	日志命令(保存 MATLAB 命令窗口中的文本)
format	设置输出格式

二、基本数学函数(matlab\elfun)

1.三角函数

命令	含 义	命令	含 义
sin	正弦函数	asin	反正弦函数
cos	余弦函数	acos	反余弦函数
tan	正切函数	atan	反正切函数
cot	余切函数	acot	反余切函数
sec	正割函数	asec	反正割函数
csc	余割函数	acsc	反余割函数
sinh	双曲正弦函数	asinh	反双曲正弦函数
cosh	双曲余弦函数	acosh	反双曲余弦函数

命令	含　　义	命令	含　　义
tanh	双曲正切函数	atanh	反双曲正切函数
sech	双曲正割函数	asech	反双曲正割函数
csch	双曲余割函数	acsch	反双曲余割函数
coth	双曲余切函数	acoth	反双曲余切函数

2. 指数函数

命令	含　　义	命令	含　　义
exp	指数函数	log	自然对数函数(e 为底)
log10	常用对数函数(10 为底)	log2	以 2 为底对数.
pow2	以 2 为底的幂函数	sqrt	平方根函数

3. 复数函数

命令	含　　义	命令	含　　义
abs	求模(绝对值)	angle	相角
complex	根据实部和虚部构造复数	conj	求复数共轭
imag	求虚部	real	求实部

4. 舍入函数和剩余函数

命令	含　　义	命令	含　　义
fix	向零方向舍入	floor	向负无穷大方向舍入
ceil	向正无穷大方向舍入	round	四舍五入函数
mod	求余,mod(X,Y)符号与 Y 相同	rem	求余,rem(X,Y)符号与 X 相同

三、基本矩阵和矩阵操作

1. 基本矩阵

命令	含　　　　　义
zeros	全"0"数组

续表

命令	含　　义
ones	全"1"数组
eye	单位矩阵
rand	均匀分布随机数
randn	正态分布随机数
linspace	LINSPACE(x1,x2)产生界于 x_1 和 x_2 之间的 100 个等步长数据点. LINSPACE(x1,x2,N)产生界于 x_1 和 x_2 之间的 N 个等步长数据点.
logspace	LOGSPACE(d1,d2)产生界于 10^{d_1} 和 10^{d_2} 之间的 50 个对数等步长的数据点. 如果 d_2 是 pi,则数据点为 10^{d_1} 之间的数据点. LOGSPACE(d1,d2,N)产生 N 个数据点.
meshgrid	产生用于三维绘图的 X 和 Y 数组.

2. 基本数据信息

命令	含　　义	命令	含　　义
size	求矩阵的维数	isequal	判断数据相等
length	求向量维数	isnumeric	判断数值数组
disp	显示矩阵或文本	islogical	判断逻辑数组
isempty	判断空矩阵	logical	转换数值为逻辑值

3. 矩阵操作

命令	含　　义	命令	含　　义
reshape	矩阵的行列重置命令	flipdim	按指定维数翻转矩阵
diag	生成对角矩阵命令	rot90	将矩阵数据右旋 90°
tril	选取矩阵的下三角部分	find	寻找非零元素坐标
triu	选取矩阵的上三角部分	end	数组最末指标
fliplr	将矩阵数据左、右翻转	sub2ind	从多个下标获取索引
flipud	将矩阵数据上、下翻转	ind2sub	从线性索引获取多个下标

4. 特殊变量和常数

命令	含　　　义
ans	最常用的答案变量,当在命令窗口中输入表达式而不赋值给任何变量时,MATLAB 自动将该值赋给 ans 变量 ans 保存期最近一次被使用的值
eps	浮点数相对精度
realmax	最大正浮点数
realmin	最小正浮点数
pi	数学常数 $\pi \approx 3.141\ 592\ 653\ 589\ 7\cdots$
i,j	单位虚数 $i = \sqrt{-1}$
inf	无穷大,例如计算 $n/0\,(n \neq 0)$
NaN	不定数. 例如 $0/0$, $\inf/\inf$
isnan	判定不定数为数 NaN 取 1,否则为 0
isinf	判定无穷大元素
isfinite	判定有限大元素
flops	浮点操作计数,统计该工作空间中浮点数的计算次数
why	简短回答

5. 特殊矩阵

命令	含　　　义	命令	含　　　义
compan	多项式的伴随矩阵	magic	幻方矩阵
gallery	Higham 测试矩阵	pascal	Pascal 矩阵
hadamard	哈达马矩阵	rosser	经典对称特征值测试矩阵
hankel	汉克矩阵	toeplitz	Toeplitz 矩阵
hilb	希尔伯特矩阵	vander	范德蒙矩阵
invhilb	逆希尔伯特矩阵	wilkinson	Wilkinson's 特征值测试矩阵

四、二维图形

1. 基本二维绘图命令

命令	含　　义	命令	含　　义
plot	x-y 坐标的折线绘图	semilogy	半对数(y 坐标)图
loglog	对数-对数坐标图	polar	极坐标绘图
semilogx	半对数(x 坐标)图	plotyy	左、右各有 y 标签的二维图

2. 坐标及图形窗口控制

命令	含　　义	命令	含　　义
axis	控制坐标轴比例及外观	box	箱状坐标轴
zoom	图形缩放开关命令	hold	保持当前图形
grid	为图形加网格线	subplot	分割图形窗,分块绘图

3. 图形注释

命令	含　　义	命令	含　　义
plotedit	编辑图形注释开关	ylabel	y-轴加标志
legend	图形标签	texlabel	由字符串产生 TEX 格式
title	图形标题	text	文本注释
xlabel	x-轴加标志	gtext	用鼠标定位文本注释

五、部分三维图形

1. 基本三维绘图命令

命令	含　　义	命令	含　　义
plot3	三维曲线绘图	surf	三维曲面(色)图
mesh	三维曲面(网)图	fill3	填充三维多边形
catch	填充三维多边形	View	调整图形视角
Contour	绘等高线		

2. 色图

命令	含　义	命令	含　义
hsv	饱和色调色图	colorcube	放大色块色图
hot	黑色红色黄色和白色色图	vga16	色窗体色图
gray	线性灰度色图.	jet	HSV 变化
bone	蓝色调灰度色图	prism	棱镜色图
copper	线性铜色调色图	cool	青色和洋红色阴影色图
pink	粉红色柔和色调色图	autumn	红色和黄色阴影色图
white	全白色图	spring	洋红色和黄色色图
flag	白色蓝色和黑色色图	winter	蓝色和绿色阴影色图
lines	线色图	summer	绿色和黄色阴影色图

3. 坐标轴控制

命令	含　义
axis	手动地设置 x,y 坐标轴范围
zoom	2-Dplot. 在二维平面上放大缩小图像
grid	加网格线,可选值为'off'和'on'
subplot	同时画出数个小图形于同一个窗口之中
xlim	x 轴上下限,以向量[xm,xM]形式给出
ylim	y 轴上下限,以向量[ym,xM]形式给出
zlim	z 轴上下限,以向量[ym,xM]形式给出

六、特殊图形

命令	含　义	命令	含　义
area	填充的曲线图	fill	填充 2-D 多边形
bar	绘制竖直条形图	fplot	给定函数绘图
barh	水平条形图	hist	直方图绘制
bar3	3 维竖直条形图	pareto	排列图表

续表

命令	含　义	命令	含　义
bar3h	水平 3 维条形图	pie	饼图
comet	动态显示轨迹	pie3	3－D 饼图
Comet3	三维空间动态轨迹	plotmatrix	画矩阵散点图
errorbar	误差条形图绘制	ribbon	以 3D 带状显示 2D 曲线
ezplot	简单函数绘图命令	scatter	用离散的点画图
ezpolar	极坐标作图	Stem	离散序列柄状图形绘制
feather	羽状图形绘制	stairs	阶梯图形绘制

七、泛函和常微分方程求解

1.求函数极小值点和函数零点

命令	含　义
Fminbnd	由一有范围限制的变量找出函数的最小值
Fminsearch	由几个变量找出函数的最小值
Fzero	求一元(非线性)函数的零点(单变量求根)

2.数值积分

命令	含　义
quad	低阶方法(simpson 公式)计算数值积分值
quad8	高阶方法计算数值积分值
dblquad	计算二元函数(重积分)数值积分值

3.内嵌函数对象

命令	含　义
inline	构造内嵌函数命令
argnames	显示内嵌函数的自变量名
formula	显示内嵌函数的表达式
char	将内嵌函数转换为字符串数组

4.常微分方程求解

命令	含　　义
ode45	微分方程高阶数值解法,基于显式龙格库达(4,5)法,采用单步算法来计算
ode23	微分方程低阶数值解法,这是一个比 ode45 低阶的方法,基于显式龙格库达(2,3)法
odeplot	画出解的图形

八、符号工具箱

1.微积分

命令	含　　义	命令	含　　义
diff	微分	fourier	付里叶变换
int	积分	ifourier	付里叶逆变换
limit	极限	laplace	拉普拉斯变换
taylor	泰勒级数	ilaplace	拉普拉斯逆变换
symsum	级数求和		

2.化简与转换

命令	含　　义	命令	含　　义
simplify	化简符号表达式	poly2sym	将多项式的系数向量转换为符号多项式形式
expand	多项式展开	sym2poly	将符号多项式形式转换为多项式的系数向量
factor	因式分解	char	转换符号为字符串形式
simple	求最短形式	vpa	设置数据的可变精度,缺省为32位
subs	符号表达式中参数代换	digits	显示可变精度计算
double	将符号矩阵转换为双精度数值矩阵		

3.解方程

命令	含　　义	命令	含　　义
solve	代数方程符号解	dsolve	微分方程符号解

4. 基本操作

命令	含 义	命令	含 义
sym	创建符号对象	findsym	确定符号变量
syms	创建符号对象	pretty	符号表达式的完美显示

5. 黎曼和与简易绘图

命令	含 义	命令	含 义
rsums	黎曼和	ezplot3	简单空间曲线绘制
ezcontour	简单等高线绘制	ezpolar	简单极坐标曲线绘制
ezcontourf	等高线填充简单使用	ezsurf	简单曲面绘制
ezmesh	网格面简单绘制	ezsurfc	简单组合曲线绘制
ezmeshc	网格组合曲面简单绘制	funtool	函数计算器
ezplot	简单函数参数曲线绘制	taylortool	泰勒级数计算器

6. 符号工具箱演示命令

命令	含 义	命令	含 义
symintro	符号工具箱介绍	symvpademo	符号数据的可变精度演示
symcalcdemo	符号微积分演示	symrotdemo	平面旋转研究
symlindemo	符号线性代数演示	symeqndemo	符号求解方程演示

附录 B 数学实验问题索引

附录 C　数学实验测试题
测试题第一套

一、程序阅读理解

1. 中国农历年由天干(甲、乙、丙、丁、戊、己、庚、辛、壬、癸)和地支(子、丑、寅、卯、辰、巳、午、未、申、酉、戌、亥)依次轮流搭配而成. 始于甲子,终于癸亥. MATLAB 程序如下:

```
functionyears(year)
% 输入年份 year 输出天干地支农历年
ifnargin= = 0,year= 2011;end
S1= '甲乙丙丁戊己庚辛壬癸';
S2= '子丑寅卯辰巳午未申酉戌亥';
k1= mod(year- 4,10)+ 1;
k2= mod(year- 4,12)+ 1;
s1= S1(k1);s2= S2(k2);
disp([int2str(year),'年是',s1,s2,'年'])
X= [S1,'..';S2]
```

(1)函数文件最后一行语句为显示(　　　)

　　(A)天干 10 个元素　　　　　　　　(B)地支 12 元素

　　(C)天干和地支所有元素　　　　　　(D)语句出错

(2)如果函数被调用时不输入年份,则会显示出 2011 年是(　　　)

　　(A)庚寅年　　　　　　　　　　　　(B)辛卯年

　　(C)己丑年　　　　　　　　　　　　(D)戊子年

2. 一种昆虫按年龄分为三组,第一组为幼虫(不产卵),第二组每个成虫在两周内平均产卵 100 个,第三组每个成虫在两周内平均产卵 150 个. 假设每个卵的成活率为 0.09,第一组和第二组的昆虫能顺利进入下一个成虫组的存活率分别为 0.1 和 0.2. 模拟 300 只昆虫数量变化规律的数学实验程序如下:

```
L= [0913.5;0.100;00.20];
X= [100;100;100];P= X;
fork= 1:n
    X= L* X;P= [P,X];
end
```

```
figure(1),bar(P(1,:))
```

(1)程序中的循环语句的主要功能是(　　　)

  (A)计算 L^kX 的数据   (B)计算 $[X\quad LX\quad\cdots\quad L^nX]$

  (C)计算 L^nX 的数据   (D)求方程组 $X=LX$ 的解

(2)程序中取 $X=[100\quad 100\quad 100]$ 为初始数据会使(　　　)

  (A)各组昆虫数量同步增长   (B)各组昆虫数量同步下降

  (C)n 很大时昆虫数量同步长   (D)总昆虫数量保持不增不减

3.绘抛射曲线族程序如下:

```
alpha= pi* (1:30)/60;
v0= 515;g= 9.8;T= 2* v0* sin(alpha)/g
t= (0:16)'* T/16;
X= v0* t* diag(cos(alpha));                        % 第四行
Y= v0* t* diag(sin(alpha))- g* t.^2/2;
plot(X,Y,'k')
```

(1)程序运行后命令窗口将显示

  (A)30 个不同的发射角数据   (B)30 个发射角对应的飞行时间

  (C)30 个发射角对应的射程   (D)30 个发射角对应的发射高度

(2)第四行语句的功能是

  (A)按行计算的曲线第一坐标   (B)按列计算的曲线第一坐标

  (C)按行计算的曲线第二坐标   (D)按列计算的曲线第二坐标

4.旋转曲面是一类特殊的数学曲面,利用定积分符号计算方法可求得旋转曲面所围立体.实验程序如下:

```
symsx
f= sqrt(x)* (2- x);
xi= linspace(0,2,20);
y= sqrt(xi).* (2- xi);
[X,Y,Z]= cylinder(y,N);
mesh(Z,Y,X),axisoff
V= pi* int(f* f,x,0,2)
Nu= double(V);
```

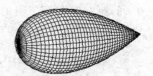

图 C.1　旋转曲面

(1)程序运行后有符号计算结果和数值结果,但(　　　)

  (A)只显示旋转体体积计算的数值结果

(B)显示体积计算的符号结果和数值结果

(C)只显示旋转体体积计算的符号结果

(D)不显示体积计算的符号结果和数值结果

(2)程序中旋转曲面的三维数据[X,Y,Z]是(　　　)

(A)将 y 对应曲线绕 y 轴旋转曲面数据

(B)将 y 对应曲线绕 x 轴旋转曲面数据

(C)将 y 对应曲线绕 z 轴旋转曲面数据

(D)可直接绘出图 C.1 图形

5.数学实验程序如下:

```
m= 20;n= 100;
t= linspace(0,2* pi,n);
r= linspace(0,1,m);
x= r'* cos(t);y= r'* sin(t);
z1= sqrt(x.^2+ y.^2);
z2= 1+ sqrt(1+ eps- x.^2- y.^2);
X= [x;x];Y= [y;y];
Z= [z1;z2];
mesh(X,Y,Z)
colormap([000]),axisoff
```

(1)实验程序的主要功能是(　　　)

(A)绘制半径为 1 的半球面

(B)绘制圆锥面图形

(C)绘制球面和锥面实现图形拼接

(D)拼接半球面和锥面的数据并绘图

(2)绘图命令的数据中(　　　)

(A)**Z** 是 20 行 100 列的矩阵　　　　(B)**Z** 是 20 行 200 列的矩阵

(C)**Z** 是 40 行 200 列的矩阵　　　　(D)**Z** 是 40 行 100 列的矩阵

二、程序填空

1.下面程序利用二阶正交矩阵 **A** 把一个以原点为中心的正三角形逆时针旋转 $\pi/50$,并缩小 90%,迭代 33 次创建图 C.2,完成程序填空:

```
bata= [1/2;7/6;11/6;15/6]* pi;
x= cos(bata);y= sin(bata);
line(x,y)
```

```
xy= [x,y];
alfa= pi/50;
A= [cos(alfa),- sin(alfa);sin(alfa),cos(alfa)];
fork= 1:33
    xy= _____①_____ ;
    x= xy(:,1);
    y= _____②_____ ;
    line(x,y)
end
```

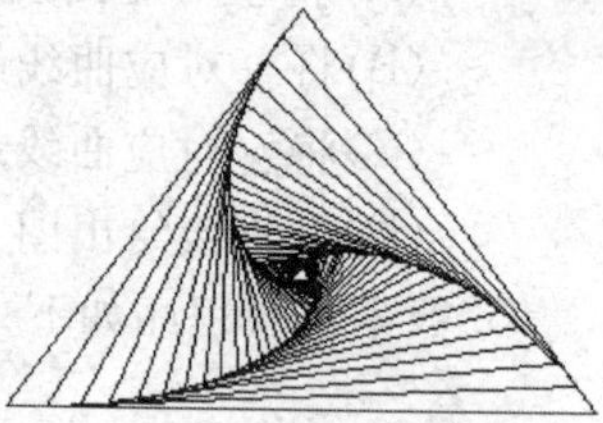

图 C.2　旋转三角形

2. 考虑乘飞机从成都出发去往西安、兰州、银川、乌鲁木齐旅游路线. 首先计算出五大城市之间距离, 选择距成都最近城市为第一站. 完成程序填空:

```
city= [30,104;34,108;36,103;38,106;43,87];
R= 6400+ 10;
_____①_____ ;% 提取纬度数据和经度数据
x= R* cos(theta).* cos(fai);
y= R* cos(theta).* sin(fai);
z= R* sin(theta);
op= [x,y,z];
A= R* acos(op* op'/R^2)
_____②_____ ;% 计算矩阵第一行最小值
```

3. 2011 年全国参加高考人数 933 万, 近四年参加高考人数连续下降. 原因之一是上世纪 90 年代出生人数下降. 利用二次多项式拟合计算 2000～2011 年出生人数. 完成程序填空:

```
T= 1990:1999;
Baby= [2524,2462,2201,2029,1946,1944,1952,1829,1747,1671];
P= _____①_____ % 数据拟合求二次多项式
Tt= 2000:2011;
Pt= _____②_____ % 多项式计算 2000 到 2011 出生人数
plot(T,Baby,Tt,Pt,'ok- ')
xlabel('Years');ylabel('People(tenthousund)')
legend('baby','','student')
```

```
[Tt;Pt]
```

4. 一阶常微分方程 $y' = y(1-y)$ 确定了一个平面向量场,由初值条件确定的解函数对应于向量场中一条曲线. 当初值大于零且小于 1 时,所确定的曲线单调增加,当初值大于 1 时,所确定的曲线单调减少. 下面实验程序绘出向量场的模拟图形:

```
[x,y]= meshgrid(0:.25:6,0:.05:2);
k= y.* (1- y);
d= sqrt(1+ k.^2);
px= 1./d;
py= _____①_____ ;% 计算方向余弦的第二分量
quiver(x,y,px,py),holdon
u= dsolve('Du= u* (1- u)','u(0)= .2');
v= _____②_____ ;% 求解初值为 1.8 的解函数
ezplot(u,[0,6])
ezplot(v,[0,6])
axis([0,6.3,- .04,2.01])
```

5. 长征三号甲运载火箭提供给探月卫星的初始速度不足以将卫星送往月球轨道. 为提高到奔月速度,中国航天工程师使用了卫星变轨技术. 数学实验程序根据变轨中轨道周期和近地点距离数据,利用开普勒定律计算卫星飞行的最大速度,填空完善下面实验程序.

```
R= 6378;Time= [16,15.63,23.3,50.5,225]* 3600;
h= [200,600,600,600,600];H= [51000,51000,71000,128000,370000];
a= (h+ H+ 2* R)/2;
c= (H- h)/2;
_____①_____ ;% 计算椭圆轨道短半轴
b= sqrt(a.* a- c.* c);
S= a* b* pi;
_____②_____ ;% 计算卫星运行最大速度
```

测试题第二套

一、程序阅读理解

1. 星座计算的 MATLAB 程序如下

```
functionAries(x)
% 输入变量 x 格式[mm,dd]
data=[1,19;2,18;3,20;4,20;5,20;6,21;7,23;8,23;9,23;10,24;11,22;12,22];
Const=['水瓶';'双鱼';'白羊';'金牛';'双子';'巨蟹';'狮子';'处女';'天秤';'天蝎';'射手';'魔羯'];
II=x(1);q=x(2);Q=data(:,2);
ifq<Q(II),II=II-1;end
ifII==0,II=12;end
disp(['你输入的生日属于:',Const(II,:),'座'])
```

(1)程序中字符串数组 Const 是(　　　)

    (A)12 行 2 列矩阵　　　　　　　(B)12 行 1 列矩阵

    (C)2 行 12 列矩阵　　　　　　　(D)1 行 12 列矩阵

(2)在函数文件中,局部变量 q 表示(　　　)

    (A)被计算者生日的日子　　　　(B)被计算者生日的月份

    (C)某一星座开始时间　　　　　(D)某一星座结束时间

2. 探月卫星实验程序

```
functionTimes=moonlab()
R=6400;
h=[200,600,600,600,600];
H=[51000,51000,71000,128000,370000];
a=(h+H+2*R)/2;c=(H-h)/2;
b=sqrt(a.*a-c.*c);
Vmax=linspace(10.3,10.9,5);
S=a.*b.*pi;
Times=2*S./Vmax./(R+h)/3600;
```

(1)函数文件的主要功能是(　　　)

(A)计算探月卫星的最大速度

(B)计算探月卫星小时为单位的周期

(C)计算探月卫星的最小速度

(D)计算探月卫星秒为单位的周期

(2)程序中最后一行语句所用数学原理是(　　)

$$(A)\ T = \frac{2ab\pi}{v_{\max}(R+H)} \qquad\qquad (B)\ T = \frac{2ab\pi}{v_{\max}(R+h)}$$

$$(C)\ v_{\max} = \frac{2ab\pi}{T(R+h)} \qquad\qquad (D)\ v_{\max} = \frac{2ab\pi}{T(R+H)}$$

3.梯子问题的数学模型可取仰角参数或位置参数.程序如下：

```
fun= inline('3./sin(x)+ 2./cos(x)');
figure(1),fplot(fun,[pi/6,2* pi/5]),holdon
[x0,y0]= fminbnd(fun,0,pi/2)
plot(x0,y0,'o')
fun1= inline('(1+ 2./x).* sqrt(x.^2+ 9)');
figure(2),fplot(fun1,[2,4]),holdon
[x1,y1]= fminbnd(fun1,2,4)
plot(x1,y1,'o')
```

(1)程序中关于变量 x0,y0 的说法正确的是(　　)

(A)函数 fun1 的极小值点　　　　　(B)x_0 是梯子放置的仰角参数

(C)x_0 是梯子放置的位置参数　　　(D)y_0 是梯子放置时的仰角参数

(2)程序计算了梯子问题的位置模型和角度模型其中(　　)

(A)x_0,y_0 是位置模型的解　　　　(B)x_1,y_1 是位置模型的解

(C)x_1,y_1 是仰角模型的解　　　　(D)y_0 和 y_1 是不相等的两个数据

4.动物养殖实验要确定每五年向市场输送动物数量,并计算 20 年输送动物总数 M.实验程序如下：

```
function[M,P]= animal1(q)
ifnargin= = 0,q= 2/3;end
L= [043;0.500;00.250];
X= [2160;720;120];
P= X;Q= [];
fork= 1:4
    X= L* X;Qk= q* X;X= X- Qk;
```

```
        Q= [Q,Qk];P= [P,X];
    end
    M= sum(Q,2);
```

(1)如果调用函数文件时无输入数据 q,其实验结果是(　　)

    (A)每五年养殖动物三分之一送往市场

    (B)每五年养殖动物三分之二保留在养殖场

    (C)每五年养殖动物三分之二送往市场

    (D)每五年养殖动物二分之一保留在养殖场

(2)程序中(　　)

    (A) P 表示送往市场的动物数量

    (B) P 表示保留在养殖场的动物数量

    (C) Q 表示送往市场的动物数量

    (D) Q 表示保留在养殖场的动物数量

5.抛物线曲率圆数学实验程序如下:

```
    function[Xt,Yt]= rate()
    x= linspace(- 1,1,60);y= x.^2;
    xk= 0:.1:.5;yk= xk.^2;
    dy= 2* xk;D= sqrt(1+ dy.^2);
    K= 2./D.^3;
    n= length(xk);
    Xt= [];Yt= [];
    fork= 1:n
        R= 1/K(k);
        nn= [- dy(k),1]/D(k);          % 第十行
        P= [xk(k),yk(k)]+ R* nn;
        Xt= [Xt,P(1)];
        Yt= [Yt,P(2)];
    end
```

(1)实验程序输出的数据是(　　)

    (A)抛物线上点的曲率中心坐标　　　　(B)抛物线上点的曲率半径

    (C)抛物线上点的曲率值　　　　　　　(D)抛物线的渐伸线

(2)第十行语句的功能是(　　)

    (A)计算单位法向量　　　　　　　　　(B)计算单位切向量

　　(C)计算曲率数据　　　　　　　　　(D)计算曲率的倒数

二、程序填空

1.北京到纽约旧航线飞行航程计算程序

```
city= [40,116;31,122;36,140;37,- 123;41,- 76];
R= 6400+ 10;
theta= city(:,1)* pi/180;
fai= city(:,2)* pi/180;
x= R* cos(theta).* cos(fai);
y= _____①_____        % 球坐标变换 y 坐标
z= R* sin(theta);
op= [x,y,z];
Dmatrix= _____②_____   % 计算五城市距离矩阵
```

　　2.维维安尼(Viviani)体是球体 $x^2+y^2+z^2\leqslant 4$ 被圆柱体$(x-1)^2+y^2=1$ 所割下的立体.下面的实验程序功能是求体积上半部分,先利用符号计算处理重积分并转换为数值数据,再用蒙特卡罗方法计算体积并计算误差.完成下面程序填空:

```
symsxy;
f= sqrt(4- x^2- y^2);
y2= _____①_____        % 设置首次积分上限
y1= - y2;
S1= int(f,y,y1,y2);
S2= int(S1,x,0,2)
V= double(S2);
P= rand(10000,3);
X= 2* P(:,1);Y= 2* P(:,2)- 1;Z= 2* P(:,3);
II= find((X- 1).^2+ Y.^2< = 1&Z< = sqrt(4- X.^2- Y.^2));
V= _____②_____        % 计算体积近拟值
```

　　3.汽车以速度 V 行驶,在紧急刹车后由于惯性作用会滑行一段距离 S.通常的规律是:速度越快刹车后滑行距离越大.根据美国公共道路局收集的数据实现二次曲线拟合.完成程序填空

```
V= [20,25,30,35,40,45,50,55,60,65,70]* 1.609;
S= [20,28,41,53,72,93,118,149,182,221,266]* .3048;
P= _____①_____        % 数据拟合命令求二次多项式
```

```
S2= polyval(P,V);
R2= sum((S- S2).^2)
plot(V,S,'* ',V,S2)
V1= [20,40,60,80,100,120];
S1= _____②_____          %  计算二次多项式在 V₁ 处的值
[V1;S1]
```

4. 一阶常微分方程 $y' = y(1-y)$ 确定了一个平面向量场, 由初值条件确定的解函数对应于向量场中一条曲线. 当初值大于零且小于 1 时, 所确定的曲线单调增加, 当初值大于 1 时, 所确定的曲线单调减少. 下面实验程序绘出向量场的模拟图形:

```
[x,y]= meshgrid(0:.25:6,0:.05:2);
k= y.* (1- y);
d= sqrt(1+ k.^2);
px= 1./d;
py= k./d;
_____①_____          ;%  绘羽箭图
holdon
u= _____②_____          ;%  求解初值为 1.8 的解
ezplot(u,[0,6])
axis([0,6.3,- .04,2.01])
```

5. 神舟六号载人飞船于 2005 年 10 月 12 日发射升空后绕地球飞行 76 圈后回到地球. 它的初始轨道近地点距离为 200km, 远地点距离为 347km. 变轨后的轨道为 343km 近圆轨道. 初轨道上运行 5 圈, 为计算载人飞船在轨飞行总公里数. 填空完善下面实验程序.

```
R= 6400;R1= 343;
h= 200;H= 347;
a= (h+ H+ 2* R)/2;c= (H- h)/2;b= sqrt(a* a- c* c);e1= c/a;
symse2t
f= sqrt(1- e2* cos(t)^2);
ft= subs(f,e2,e1* e1);
S= _____①_____          ;%  定积分符号计算
L1= a* double(S)
L2= 2* (R+ R1)* pi
Tol= _____②_____          ;%  飞船在轨飞行总公里数
```

测试题第一套参考答案

一、程序阅读理解

1、(1)C；(2)B.

2、(1)B；(2)C.

3、(1)B；(2)B.

4、(1)C；(2)B.

5、(1)D；(2)D.

二、程序填空

1、①xy＝0.9 * xy * A'；

②y＝xy(:,2)；

2、①theta＝city(:,1) * pi/180；fai＝city(:,2) * pi/180；

②Dmin＝min(A(1,:)),

3、①P＝polyfit(T,Baby,2)；；

②Pt＝polyval(P,Tt)

4、①py＝k. /d；

②v＝dsolve('Du＝u * (1−u)','u(0)＝1. 8')

5、①b＝sqrt(a. * a−c. * c)；

②Vmax＝2 * S. /(R+h)/T；

测试题第二套参考答案

一、程序阅读理解

1、(1)A；(2)A. 2. (1)B；(2)B.

3、(1)B；(2)B. 4. (1)C；(2)C.

5、(1)A；(2)A.

二、程序填空

1、①y＝R * cos(theta). * sin(fai)；

②Dmatrix＝R * acos(op * op'/R^2)；

2、①y2＝sqrt(2 * x−x^2)；

②V＝8 * length(II)/10000；

3、①P＝polyfit(V,S,2)；

②S1＝polyval(P,V1)；

4、①quiver(x,y,px,py)；

②u＝dsolve('Du＝u * (1−u)','u(0)＝1. 8')；

5、①S＝int(ft,0,2 * pi)；

②Tol＝5 * L1+71 * L2；

参 考 文 献

［1］李尚志，等.数学实验［M］.北京：高等教育出版社，1999.

［2］谢云荪，等.数学实验［M］.北京：科学出版社，1999.

［3］苏金明.MATLAB 实用教程［M］.北京：电子工业出版社，2005.

［4］张志涌.精通 MATLAB6.5［M］.北京：北京航空航天大学出版社，2006.

［5］傅英定.谢云荪：微积分（上、下）［M］.北京：高等教育出版社，2006.

［6］黄廷祝.线性代数与空间解析几何［M］.北京：高等教育出版社，2006.

［7］徐全智，吕恕.概率论与数理统计［M］.北京：高等教育出版社，2004.

［8］寿纪麟.数学建模：方法与范例［M］.西安：西安交通大学出版社，1993.

［9］李心灿.高等数学应用 205 例［M］.北京：高等教育出版社，1997.

［10］王宪杰，候仁民，赵旭强.高等数学典型应用实例与模型［M］.北京：科学出版社，2005.

［11］Charles WGroetsh.反问题：大学生科技活动［M］.程晋，谭永基，刘继军，译.北京：清华大学出版社，2006.

［12］杨克昌.计算机程序设计典型例题精解［M］.北京：国防科技大学出版社，1999.